新展望2050：白金社会

[日] 小宫山宏　山田兴一　著

魏海波　赵静玮　译

广西师范大学出版社
·桂林·

目 录

序章 从“展望 2050”到“新展望 2050” …001

序章 1 人类史上的转换期 …003

21 世纪是特殊的时代 / 特殊时代的种种课题 / 全球变暖与气象异常问题 / 资本主义还会存活吗

序章 2 最新报告 …006

SDGs 指引人类走上了正轨 1 / COP21 指引人类走上了正轨 2 / IEA 报告 / 擅长解决课题的日本的经验 / “饱和”是当今时代的本质 / 人口的饱和 / 人工产品的饱和 / 矿产的饱和 / 2050 年的世界

序章 3 我们想要建成的社会 …015

通过解决课题创造新的社会与价值 / 21 世纪的愿景是“白金社会” / 白金社会的必要条件 / 可实现的愿景

序章 4 初见掠影的白金社会 …020

创造型需要 / 低碳社会 / 能源屋与零耗能建筑 / 节能环保汽车・节能环保工厂・从燃油汽车到新能源汽车——向无碳迈进 / 多样化的出行手段 / 节约能源是最好的解决策略 / 都市矿山 / 可再生能源 / 日本成为自给自足的社会 / 世界会成为持续循环型社会 / 与自然共生 / 与自然共生的宏观视角 / 健康支援和自立支援都是重要产业 / 活跃银发族（Active Senior）的参与不可少 / 选择多样化 / 自愿参与 / 信息化教育培养下一代人类 /

雇佣关系活跃的社会 / 生儿育女的社会 / 知识的结构化中存在答案 / 宣传成功案例的方法 / 解决课题需要结构化的知识和行动 / 变革要从大都市开始 / 保证商业化的可持续性 / 终身成长社会 / 发达国家的经济还可以继续增长 / GDP 与 IWI / 白金产业与经济增长 / 和发展中国家一起，以实现白金社会为目标 / 差距与社保　国家与市场 / 为了变革而存在的制度 / 21 世纪是转换期 / 白金构想网络组织

第一章　来自“展望 2050”的讯息　…053

1-1“展望 2050”诞生的时代背景　…055

必须要有宏观展望 / 全人类的富裕生活 / 为什么是低碳社会 / 全球升温带来的威胁

1-2 什么是“展望 2050”　…062

2050 年的理想状态 / 有望实现的低碳社会 / 人工产品的饱和与物质循环系统 / 提高能源利用率至 3 倍 / 可再生能源使用量翻倍 / 提高舒适性和经济性 / “展望 2050”的前提具有现实性

第二章　1995 年以来“展望 2050”的进展　…071

2-1 人工产品的饱和与物质循环系统　…073

人口的饱和 / 人工产品的饱和 / 物质材料的饱和——混凝土 / 物质材料的饱和——铁 / 希望人类能建成循环型社会

2-2 节约能源与可再生能源　…083

节能完成了进一步的进化 / 可再生能源是电源投资的核心

2-3“展望 2050”前景明朗　…090

“擅长解决课题的发达国家”日本的产业结构与能源 / 日本的确已经在引领世界了 / 世界正在向着“展望 2050”前进

第三章　支撑低碳社会的技术（使用能源）　…097

3-1 提高能源利用效率的方向在哪　…099

“日常生活”与“制造业”

3-2 交通运输部门的低碳技术　…101

运输零能耗？／能耗表现优秀的汽车陆续登场／汽车能源利用率提高 8 倍／多样的环保节能车带来丰富的用车体验／移动出行的转换运输方式（modal shift）

3-3 运用在家庭和办公建筑上的低碳技术　…113

推进节能可获得经济效益／节能带来的新商机／家庭耗能集中在电能／环保屋（EcoHouse）让居住更舒适／最新热泵信息／家用燃料电池成为日本的看家本领／日本原创环保技术的全球化

3-4 制造业的低碳技术　…126

从高炉转换成电炉／铝非常适合回收再利用／实现稀有金属的物质循环／期待工业用热泵

第四章　支撑低碳社会的技术（活用能源）　…133

4-1 可再生能源的未来　…135

重新思考可再生能源的价值／思考太阳能电池与蓄电池的未来／未来的成本与投资要达到平衡／将在 2050 年成为主力选手的蓄电池是什么？／用途多样，市场明朗／地区水力发电普及的征兆／生物能的潜力／可再生能源的搭档——氢气

4-2 理论与信息技术掀起的革新　…150

追求极致效率／通过能源管理系统实现效率化／日本应当靠高附加值产品来参与竞争／活用大数据，高度预测用户需求／碳定价的可能性

第五章　2050 年的低碳社会　…159

5-1　2050 年的低碳电源系统　…161

实现低碳化的办法／减排 80% 与发电成本／思考最优的电源结构

5-2　主要领域的低碳化　…167

附加价值与低碳／钢铁行业的理想状态

5-3　日本的二氧化碳排放量削减 80%　…172

2050 年各部门的低碳化／2050 年各行业的附加值以及二氧化碳排放量／二氧化碳排放量与 GDP 的变化形态

第六章　白金社会与新社会　…183

6-1　什么是白金社会　…185

人均 GDP 与平均寿命／从量的充足到质的充足／在少子化时代还能增加学生数量的岛（海士町）／从自身经验出发为亚洲低碳化做贡献（北九州）／实现奇迹的领袖力（Yanedan）／超大城市愿景的实现（二子玉川）

6-2　目标是成为资源自给的国家　…197

在“展望 2050”中能够实现七成自给率／振兴林业的构想

6-3　与美丽自然共生　…201

打造生态宜居之地／企业发力，迈向共生

6-4　健康与自立可以丰富人生　…206

银发族的智慧应当成为社会资源／老者的知识与经验在下一代继续生长

6-5　多样选择，自由参加　…211

现在为什么追求“羁绊”呢／移动出行自由将改变工作方式／

多套住房，越来越多／东京的工作方式与少子化对策

6-6 诞生在白金社会的新产业 ...217

在大都市中思考地方课题的丸之内白金大学／人才培养促成白金社会的建立／信息通信技术（ICT）改变教育／“社会人教育”将成为新的产业／培养新时代的开拓者／再次质问教育的重要性

6-7 越发清晰的白金社会 ...230

推动白金社会的方法／白金构想网络组织与白金大奖／《白金构想手册》的制成

6-8 白金社会与“展望 2050” ...237

特别访谈

访谈 1 “丰田环境挑战 2050”战略 ...241

丰田汽车公司董事长——内山田竹志

访谈 2 地方创生与新型工作方式 ...248

株式会社小松制作所顾问——坂根正弘

访谈 3 社会制度还有很大的革新余地 ...257

立正大学经济系教授——吉川洋
立命馆亚洲太平洋大学大学院客座教授——小西龙治

致　谢 ...265

序　章
从“展望2050”到“新展望2050”

20世纪是能源推动物质文明发展的100年，但是资源耗竭、全球变暖、气候剧变也随之而来。为了地球的可持续发展，人类应当如何妥善处理物质与能源呢？我曾在之前的作品《展望2050》一书中对未来半个世纪后的物质与能源的理想状态做出了描述与展望。

从出版那本书开始已经过去了20年。幸运的是世界正在向着我所展望的2050迈进。

以“展望2050”为基础，21世纪将会是追求高品质与丰富性的100年，具体表现在资源自给、与自然共生、终身雇佣、多样选择、自由参与等。我在上一本书的基础上增加了白金社会的审视角度，从而完成了这本全新的《新展望2050：白金社会》。

序章1　人类史上的转换期

21 世纪是特殊的时代

在图 序-1 中我们可以看到三条线，它们分别表示自公元 1000 年至今，世界人均 GDP、人均寿命以及大气中的二氧化碳浓度。进入 20 世纪以来，三根线一同急转直上，呈现出了几乎相同的轨迹。20 世纪是人类活动的膨胀期，同时也是一个极其特殊的时代。

在历史长河中，人类的发展缓慢而悠长。在古希腊和古罗马时代，人类的平均寿命只有二十四五岁，但是到了两千多年之后的公元 1900 年，人类平均寿命延长到了 31 岁，但也仅仅延长了数年而已。然而到了 2011 年，人类平均寿命竟然已经超过了 70 岁。实现这一飞跃的最大原因就是“衣食住”的变化，越来越多的人已不再为温饱问题担忧。人类一方面获得了物质上的丰裕，实现了长寿的梦想，然而另一方面，也不得不承担起梦想的另一面，例如老龄化社会，以及随之出现的各种问题。作为人类赖以生存的家园，地球也在全球变暖等问题的影响下，被动地开始了变质。

可以说，我们生存的这个时代，是人类史上一个非常特殊的时代。

图 序-1 在20世纪急速扩大的人类发展轨迹

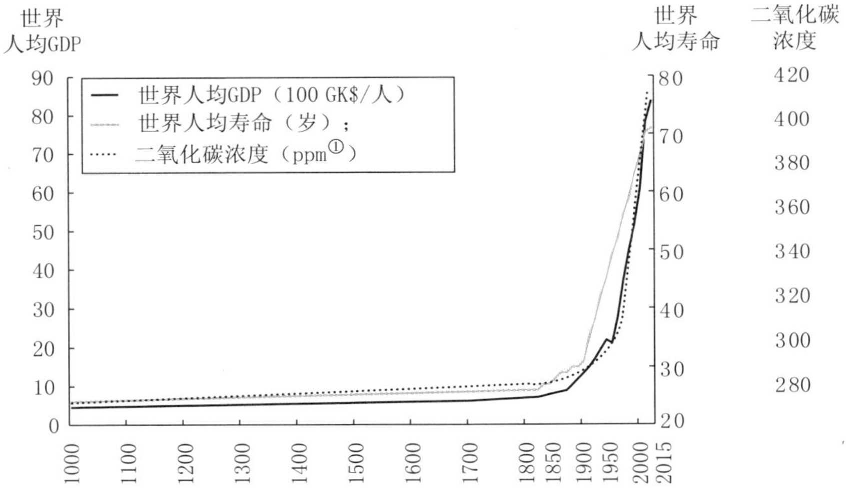

出处：人均 GDP、人均寿命数据源自世界经济史专家安格斯・麦迪森(Angus Maddison)的计算；二氧化碳浓度数据源自美国国家海洋和大气管理局（NOAA）的数据

特殊时代的种种课题

除了老龄化和环境问题，经济增长低迷、能源资源浪费、贫富差距扩大、失业、恐怖主义、武装政变、财政问题、养老金空洞、传染病、肥胖症、生活方式病等，现代社会出现了太多太多的问题。而我们在上图看到的，人类发展轨迹之所以爆炸性扩大，其背后的根本原因就是以上列举的各个问题。换句话说，文明发展本身就是问题所在。

在世界的某个角落，有人正在忍受饥饿和营养不良，然而同时也有人不断浪费食物，制造越来越多的垃圾。在发达国家，存在饮食过度和肥胖过度的社会问题。如果用上图来解说 21 世纪人类的情形，那么在这个地球上，既生活着各项指标处在上升期的现代人，也生存着仿佛从古代穿越

① 我国对大气中污染物浓度的表示方法为质量浓度单位（mg/m³），日本则采用的是体积浓度单位（ppm）。

而来的现代人。这是一个奴隶劳动、过度肥胖、地球剧变等各式各样的问题并存的时代，是一个极其特殊的时代。

全球变暖与气象异常问题

气候变动是人类生存受到的最大威胁之一。科学家预测说，接下来世界平均气温将持续上升。近年，“游击型暴雨”频频袭击东京，台风竟然会在日本东北地区登陆，夏威夷竟然下起了雪，“百年一遇”这个词的使用已经越来越频繁。生态系统是不是出问题了？农业、渔业、旅游业还吃得消吗？——答案无从知晓。

在担忧自己的日常琐事的同时，现代人也不禁开始担忧人类的生存基础——地球，她的变化正在让人感到不安。

资本主义还会存活吗

资本主义、民主主义大环境中的文明给人类带来了不安的感觉。在20世纪，世界被资本主义和社会主义两种意识形态一分为二。1991年苏联解体，标志着冷战的结束，然而新的问题又出现了：以发达国家为中心的地域纷争频发，恐怖主义在世界上引起轩然大波。此外，英国脱欧（Brexit）事件又给历史的走向泼了一盆冷水，全世界都弥漫着国粹主义和民族主义抬头的气息，这是一个危险的预兆。

说到背后的重要原因，其一就是贫富差距的扩大。不可否认，在发达国家的经济低增长时期，受益于高于经济增长率的利益，拥有资本的高收入阶层与缺乏资本的低收入阶层之间的差距越来越大。而且，发展中国家和发达国家之间的差距依然很大，发达国家内部的差距扩大也增加了这个世界的不安定性。说到底，人类社会还能存续下去吗？

建立在民主基础之上的所谓资本主义文明还能持续多久？人们不免对此产生了怀疑。

序章2　最新报告

SDGs 指引人类走上了正轨 1

希望仍存。2015 年 9 月，联合国总部在纽约召开了联合国可持续发展会议，会上一致通过了包含 17 个目标在内的“联合国可持续发展目标（Sustainable Development Goals，SDGs）”议程。这标志着处在有史以来极其重要的转换期的人类选择了正确的前进方向。

SDGs 的前身是 2000 年制定的“联合国千年发展目标（Millennium Development Goals，MDGs）”。MDGs 包含“消灭极端贫困和饥饿”“削减婴幼儿死亡率”“改善孕产妇健康”等 8 个目标，致力于在 2015 年前将极端贫困率减半，并且取得了一定成果。但是，在这个世界上依然有很多人正处在贫困之中，还有很多婴幼儿没有条件进行应有的预防疫苗接种。很多产妇在临盆时，身边没有医生或助产士，这种情况并不少见。

SDGs 借鉴了 MDGs 在发展中国家的课题，将目标对象扩大至全人类，制订了“为了人类和地球的繁荣而采取的行动计划”。可持续发展目标数量由 8 个增加至 17 个。

世界上充满了各种亟待解决的课题，但是已经公开宣称“不会抛下任何一个人”，他们就要彻底解决问题。

图 序-2　联合国制订的 SDGs　17 个发展目标的 LOGO

出处：联合国多媒体宣传中心

COP21 指引人类走上了正轨 2

2015 年 12 月 13 日，在法国巴黎召开的《联合国气候变化框架公约》第二十一次缔约方会议（COP21）上，196 个缔约方（195 个国家 + 欧盟）形成统一意见，同意通过《巴黎协定》。人类再一次在关乎命运的紧要关头做出了正确的选择。人们对《巴黎协定》充满了信心，它为 COP21 的成功赋予了希望。

《巴黎协定》指出，全世界要设立一个共同的目标，将全球平均升温控制在工业化之前的 2 ℃之内，并且要将把升温控制在 1.5 ℃之内视为更高的目标。在此基础上，实现温室气体净零排放，也就是二氧化碳排放量近乎零的目标。

实际上，全球平均气温虽然只上升 2 ℃，但是带来的却是相当大的影响。例如，会造成异常气象频发、极地冰层加速融化、农业遭受重大损害等可怕的事态。人类首次认识到全球变暖的危害，是在海平面上升导致大洋洲上的岛国图瓦卢的一部分被海水淹没的时候。另外，很多地区也开始受到全球变暖的影响，例如菲律宾遭受了超强台风袭击、日本各地遭受龙卷风和“游击型暴雨”袭击，这些都是全球规模的气候变动造成的。

学者们之前采取保守谨慎的态度，区别看待长期持续发生的气候变动和突发性的异常气象，但是这几年他们也开始承认异常气象越来越频发。异常气象直接影响到普通民众的生活，《巴黎协定》也推动了学者们承认这一事实。

人类承认了气候变动是真实存在的，并且意识到它会威胁自身生存，必须要克服这个难题。

照片 序-1　COP21 会议上通过《巴黎协定》时沸腾的会场
（照片来源：世界自然基金会日本办事处 WWF Japan）

IEA 报告

《巴黎协定》并不只是希望。国际能源署（IEA）的报告显示，2013 至 2015 年的三年间，全球二氧化碳排放量为 321 亿吨，算是比较稳定。

不断增长的二氧化碳排放量有可能会成为一个难题。在这三年间，GDP增速超过了 3%。人们认为，经济增长会造成能源消耗增加，二氧化碳排放量也会增大。

但是，2013 年以来的这三年间的事实证明，经济增长并非一定会带来二氧化碳排放量的增加，这被称作经济和能源的解耦。世界进入了同时以经济增长和抑制二氧化碳排放为目标的时代。

二氧化碳排放量封顶的原因主要是世界第一大、第二大二氧化碳排放国中国和美国减少了二氧化碳的排放。中国通过节省能源，减少了煤炭的消费，增加对水力和风力等可再生资源的利用，发电过程中无须排放二氧化碳。同时，可再生能源供电比例增加，由 2011 年的 19% 增加至 2015 年的 28%。在美国，越来越多的可再生能源被投入使用，能源领域进入了从煤炭到天然气的转换期。

在确保经济增长的同时，减少二氧化碳的排放是存在可能性的。

擅长解决课题的日本的经验

如果这个世界上的所有人都能过上物质充足、尊严无损的生活，那么大多数的困难都可以克服。为了文明的延续，人类不得不在维护地球环境的同时确保物质基础。结果就是，减少能源消耗和经济增长之间出现了对立关系，这也是人类社会的难题之一。其实，日本早已遇到，也用事实证明了这个课题是可以被解决的。

下图显示了日本在过去半个世纪中 GDP、能源消耗和电力消耗的情况。可以看出，日本已经有两次证明了经济增长可以不增加能源的消耗，甚至还可以减少能源的消耗。第一次是在 1973 年到 1985 年的 12 年间，GDP 由 200 兆日元增长至 330 兆日元，但是能源消耗完全没有增长。第二次就是最近的 2010 年，虽然经济增长幅度很小，但是经济持续增长的同时能源消耗是在递减的，电力消耗也在减少。

日本走在了世界的前端，用实际行动证明了经济和能源是可以解耦的。解耦的主要原因是1973年以来的12年间的能源节约，现如今则是人工产品的饱和加上能源的节约。

像这样，日本的经验足以证明当今世界追求的正确方向存在可实现性。自2013年以来，这三年里二氧化碳排放量封顶的事实就已经可以证明，在全球范围做出的努力完全有可能达成目标。

图 序-3　日本的轨迹：GDP · 能源消耗 · 电力消耗

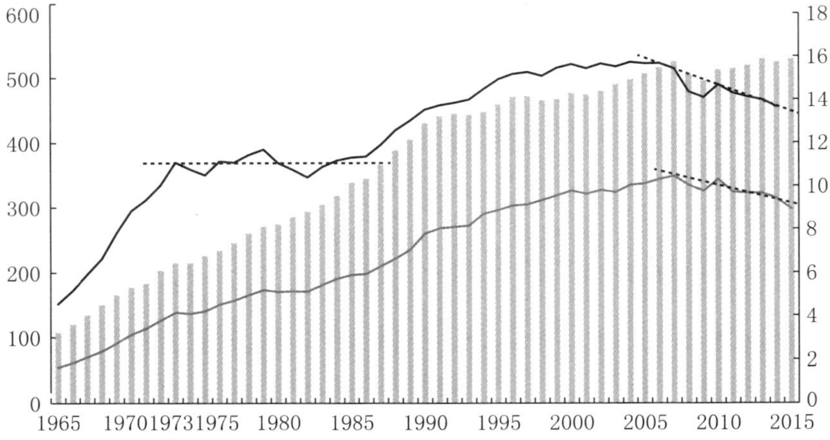

出处：实际GDP来自内阁府《国民经济计算》。电力需求量来自日本资源能源厅《综合能源统计》。2015年度的电力需求量，根据电气事业联合会发表的2015年度发受电量，推测商业用电、自家消费和线路损失，其中加入了自家发电量（根据过去10年自家发电量的变化趋势推算的数据）。最终能源消耗量来自《综合能源统计》

“饱和”是当今时代的本质

从人工卫星发回的地球照片上，我们看到地球轻轻地悬浮在宇宙中，可以感受到一种无可替代的美感。然而我们正在破坏气温这一生存的基本条件，地球的有限性由此表现得更加明显。在有限的地球上，人类的活动当然不可以无限膨胀。用“饱和”这个词来形容21世纪的本质之一，真是再合适不过了。

人口的饱和

早在半个世纪前就流行这样一种论调——“人类将会在人口爆炸中走向灭亡”，即使到现在也有不少学者在宣扬人口爆炸带来的危害。但是，这恐怕是杞人忧天。

下图显示了世界出生人口数量。如果新生儿数量达到饱和，那么人口马上就会饱和，如果新生儿数量开始减少，那么人口肯定也会开始减少。未来的人口由新生儿数量和人类平均寿命决定，但是目前人类的平均寿命几乎已经达到峰值，所以在做人口预测时最重要的就是参考出生数量。看图便知，1988年新生儿数量达到峰值，到了1998年开始再次呈上涨趋

图 序-4　世界全年出生人数的变化

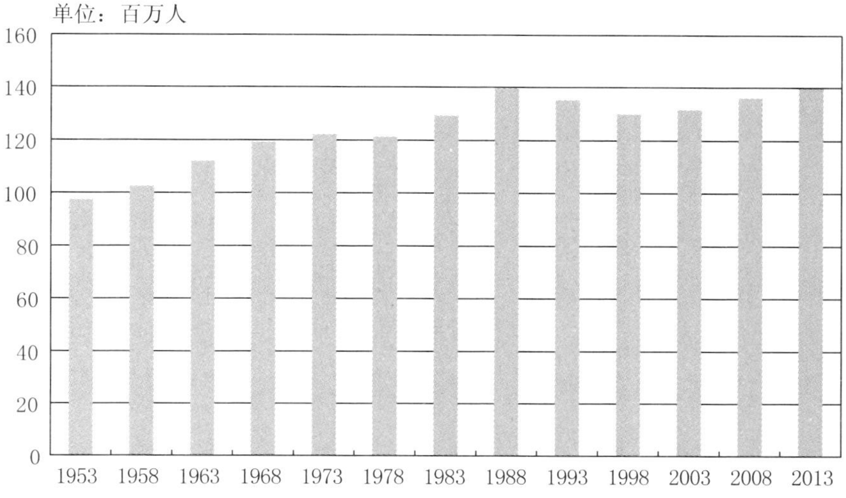

出处：基于《世界人口展望 2015修订版》的数据制成

势。人口增加的主要原因是非洲人口的增加。也就是说，在非洲以外的地区，人口开始减少。

一般来说，GDP 增长的时期，新生儿数量会减少。尤其是女性受教育程度的提高，相应带来分娩数量的减少，在历史上已经出现过这种情况。放眼其他发达国家，出生人数减少，确切地说他们正在努力维持人口数量处在合理范围以内。今后有必要在非洲通过振兴教育等举措来控制人口增长。如果可以落实这一构思，那么就可以解除人口爆炸的忧患。

准确地说，现在的时代不是人口爆炸的时代，而是逐渐转向不得不为了维持合理的人口数量而努力的时代。不仅发达国家处在这个阶段，许多发展中国家也是如此。

21 世纪，是人口饱和的世纪。

人工产品的饱和

下图显示了世界各国汽车保有量与人口对比的情况。人均保有量 0.5 辆意味着平均 2 人拥有 1 辆汽车，无论哪个国家，如果达到了这个数量就证明已经饱和了。达到饱和状态后，卖出去的新车和报废的汽车的数量就是相同的。在日本，汽车保有量达到了 6000 万辆，通常来说一辆新车要经过 12 年才能报废，那么平均每年要报废 500 万辆。换句话说，日本国内的汽车内需已经饱和。

在汽车饱和的发达国家，电子产品、建筑物、塑料的消费量等也已经呈现了饱和状态。看一看国家经济的发展过程：最初的时候建造公路、铁路等基础设施，生产肥料、纤维等基础物资，人们富裕后开始购买电子产品，之后随着财富积累，慢慢地开始购买汽车了。因此，在汽车已经饱和的国家，其他的人工产品也已经饱和了。人工产品的销售数量达到饱和，这就是发达国家经济低增长的实质背景。

地球是有限的，“物质饱和”是必然的。但也许正是出于这种必然性，人们才忽视了这一重要事实。

图 序-5 各国汽车保有量

	2007年		2010年		2016年	
	总保有量（百万辆）	人均保有量	总保有量（百万辆）	人均保有量	总保有量（百万辆）	人均保有量
日本	58	0.45	58	0.46	61	0.48
美国	138	0.46	129	0.42	124	0.38
英国	31	0.51	31	0.50	34	0.52
法国	31	0.50	31	0.50	32	0.50
德国	41	0.51	42	0.53	46	0.56
中国	32	0.02	61	0.05	166	0.12
印度	10	0.01	15	0.01	34	0.02

出处：基于日本汽车工业协会(Japan Automobile Manufacturers Association)、UN WPP 2015的数据制成

矿产的饱和

铁是质与量都很重要的金属材质，由铁矿石冶炼而成。一旦冶炼成铁，就绝对不会成为无用的废品。建筑物拆解后，铁质框架也会作为废铁被回收，熔解后再次作为新铁投入社会建设。因此，在人工产品饱和，生产数量和废弃数量持平的状态下，铁作为废品被遗弃，几经辗转后再次被提供给社会，这个社会始终离不开铁，并且铁也从来不会短缺。

下图显示了日本现存建筑内部以及汽车等人工产品中铁的总量与它每年的数量增减情况。可以看出，铁的总量渐渐达到14亿吨，每年的储量几乎为零。实际上，在日本国内，每年在人工产品中投入的新铁与废铁的量持平，约为3000万吨。如果单看日本的情况，那么今后无须再通过冶炼铁矿石的手段获得铁，只须通过废铁处理再利用就完全可以满足日本国

内对铁的需求。不仅在日本，世界上的大多数发达国家也已经不需要铁矿石资源了。预计到 2050 年前后，几乎全世界都会达到这种状态。

一般来说，我们把这一类饱和称为“人工产品的饱和”。从目前的资源采掘型经济的视点来看，“人工产品的饱和”极有可能导致资源价格下跌、经济增长缓慢等负面效果，但是另一方面，也揭示了人类正在向着循环型经济社会转变的合理性。21 世纪是人工产品饱和引起的向循环型社会转变的时代。

图 序-6　日本的铁储量与年均增量

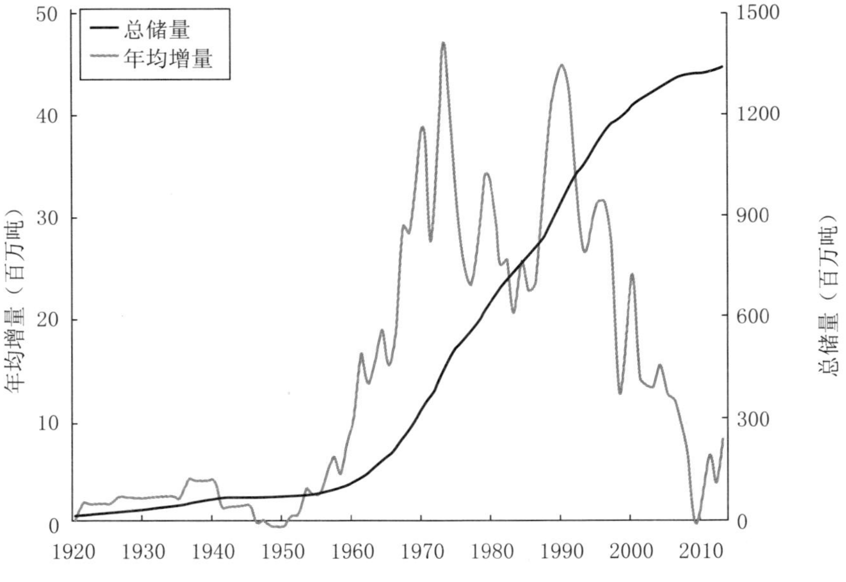

出处：基于日本铁源协会的数据制作而成

2050 年的世界

目前，发达国家的人口、人工产品、矿物已经逐渐开始呈现饱和的状态，其他国家也紧随其后。当那些在 2016 年念高中的孩子即将迈入人生第 50 个年头的时候，世界也会迎来饱和时代。时光飞速，未来并不遥远。

序章3　我们想要建成的社会

通过解决课题创造新的社会与价值

在 20 世纪，人类从各种束缚中得到解脱。许多人曾经受制于为了满足衣食住等需要而不得不从事辛苦的劳动，也受制于不够方便的交通，还受制于信息的闭塞与不畅通等问题，但是他们在 20 世纪跳出了这些困境，越发自由，甚至连那句奢侈的“长命百岁”都不再是梦。

对于我们这些已经习惯了自由的人来说，可能很难切身体会到“终于自由了！”的那种感觉。大家不妨想象一下江户时代的农民。他们的衣食住得不到保障，也接收不到外面的信息，外出只能依靠步行或人力车，如果遇上了粮食歉收，也只能忍饥挨饿。拿当时的情况比一比，你会发现我们现在的生活简直就像做梦一样。倒也不必上溯到江户时代，就拿最近的事情来说，我们这些生活在日本的人，也会面临去太平洋沿岸一带工作，还是留在乡下种田的选择。现在，人们的生活水平已经和从前大不一样，完全自由也并不现实，但至少我们可以自由选择未来在哪里生活和工作。毋庸置疑，我们确实比前人自由多了。

人类文明发展到今天，的确让我们看到了它不太好的那一面，但是它也把人类长期追求的“富裕”和“长寿”的梦想变成了现实。“富裕”和“长寿”带给人类自由，不管这份自由是否能让社会变得更好，其中蕴含的智慧与能力都是人类梦寐以求的希望。

但是，也没必要把它想得太难。人类应当抛开现实的束缚，把那些亟待解决的课题与已经得到的自由做乘法，这样一来社会自然而然就会变得更好，还会产生新的价值观，这样想不是挺好的嘛？不如我们就抱着这种想法前进吧。兴趣与工作、自然与刺激、朋友与家人等，我们可以从中自由选择，这样的社会并不遥远，稍微努力一下就唾手可得。

21 世纪的愿景是“白金社会”

在江户时代，人们连温饱都解决不了，怎么可能有力气去展望未来？要想填饱肚子，只能辛苦种地。到了工业化时代，人们开始计划着买电视机、买汽车，渴望获得更高的收入，“变有钱”是那个年代普遍而又心照不宣的理想。

到了 21 世纪，人类展望的是品质更高的社会。准确地说，维持现有的财富，然后尽可能更加富裕。这个社会提供给人们更高质量的人生与生活，换句话说就是能够保障人类享受更好的生活品质（Quality of Life）。我们定义这样的社会为“白金社会”。一个由环保（绿色）、健康（银色）、IT（绯红色）等各种颜色与元素构成的社会。与其否定当今社会，不如着手策划如何实现向白金社会的转型，实现生活品质（QOL）的飞跃性提升。不仅是发达国家，这个地球上的所有人都应当生活在白金社会。要为了这个目标而努力，这才是身处地球应有的姿态，也是 SDGs 倡导的“不会抛下任何一个人”的姿态。

白金社会的必要条件

人类追求生活品质（QOL），那么它的实际情况是怎样的呢？量是统一的，质是多样的。如何界定品质，本来就是每个人的自由。所以在白金社会这个多样化的社会里，个人、地域、组织都可以自由做出选择。但是，得到大多数人认同的品质是怎样的呢？

① 无须担心资源、能源会短缺；

② 地球环境健康可持续，无公害问题；

③ 保护生物多样化，与美丽的自然共生；

④ 长期持续的健康与自立；

⑤ 终身参与社会；

⑥ 终身持续成长；

⑦ 雇佣关系得到保障；

⑧ 文化和物质上都富足。

以上就是大多数人都渴望并认同的白金社会的必备条件。

换言之，资源自给、低碳化、无公害、与自然共生、健康与自立、终身成长、选择多样、自由参加等都是奋斗的目标。

图序-7　白金社会的必要条件

生态学
- 地球环境
- 生物多样性
- 克服公害

无须担心资源短缺
- 循环型社会
- 能源节约与循环利用
- 第一产业

可以参加
- 健康自立
- 终身成长
- 医疗与看护

自由选择
- 选择多样
- 文化、艺术、体育
- GDP

雇佣关系
- 知识结构化
- 灾害中确保安全
- 深度旅游

照片 序-2　白金大奖

在迈向白金社会的同时，工作方法、学习方法和生活方式也在发生着改变。这种变化为人们带来了自由和商机。这样一来，心灵与物质变得丰富，可持续发展社会近在咫尺。这是一个让人感到安心的社会，生活在这样的环境中，人们对未来会抱有梦想，大多数人将渴望走上结婚生子的道路。目前，少子化问题成了许多国家面临的最大难题之一，也许在白金社会，少子化问题将会得到有效解决。

可实现的愿景

白金社会依然是一个很遥远的理想，我们还有很长的路要走。但这并不绝对。因为它是一个可以实现的理想。其实，到今天人类已经实现了白金社会的一部分，这样的例子有很多。每年，白金构想网络组织都会颁发“白金大奖”，表彰那些推动建设白金社会的贡献与活动。可以说，他们就是白金社会的一个缩影。

从这些成功案例当中，我们看到了人类的巨大力量，同时，地球也在为人类提供丰富的物质资源，如果将这些要素与“新展望 2050”结合起来思考，那么我认为白金社会是可以实现的。

序章4　初见掠影的白金社会

创造型需要

当人工产品达到饱和时，人类的需求会在达到峰值时产生收缩。新的需求将会诞生于人类新欲望的萌生之处，也就是与白金社会必要条件密切相关的各方面。我们将这种新型需要称为创造型需要。接下来让我们看一下初见端倪的白金社会的面貌以及由它衍生的新型商业。

低碳社会

下图显示了日本国内能源的消耗情况。日常生活消耗约占 60%，其余约 40% 由生产制造消耗。具体来看日常生活中的消耗，又可以细分为家庭消耗 20%，办公场所消耗 26%，交通运输消耗 17%。所以，在保证现有生活质量甚至提高生活质量的前提下，如何减少能源消耗呢？如果真的能做到，那么就等于握住了开启低碳社会大门的钥匙。

图序-8　我们正在使用的能源（日本）

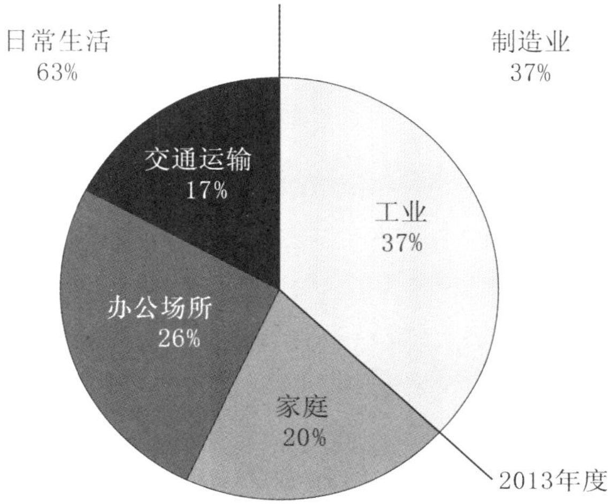

能源屋与零耗能建筑

将来，家庭会从消耗能源的场所转变成生产能源的场所。能源屋指的是房屋建筑配备的太阳能电池发电量大于住宅的消耗量。最近的一份调查结果显示，良好的住宅应当促进居住用户的健康状况。家，要成为生活舒适、促进健康、创造能源的起点，能源屋作为一项产业，也被赋予了很大期望。照片 序-3 是最近开发的太阳能电池的照片，太阳能电池除了作为电池，也开始兼备房顶材料的功能，拥有漂亮的设计外观。人们开始从“屋顶上搭载了太阳能电池”的时代逐步走向“屋顶遍布太阳能电池”的时代。

在日本，设计师在设计住宅型建筑时比较重视夏季的避暑性能。因此，日本的住宅往往通风好、房顶美，但是隔热性能极差。隔热性能越高，意味着空调耗电越少。高耗能家电例如冰箱、空调、照明设备等，在能源效率上已经有了显著提升。盖新房子时，人们力求让能源消耗量减少三分之一。现在市面上已经开始出售能源屋了，全屋顶覆盖太阳能电池，用来输出能源。

在办公场所，空调和照明设备耗能最多，和家庭的情况确实不太一样。但是，它的能源消耗密度相当大，即便在高层建筑的楼顶搭载了太阳能电池，但由于楼顶的面积相对较小，比起家用住宅更难实现零耗能。但是目前已经有实验证实了可以在 3 层建筑上实现零耗能。如果让高层建筑的“墙壁上也覆盖太阳能电池”，那么高层建筑也可以实现零耗能。

连寺庙房顶上的瓦片都变成太阳能电池了，新的时代已经来临。

照片 序-3 “屋顶遍布太阳能电池”的时代（照片来源：日本钟化集团）

照片 序-4 零耗能大楼（ZEB）的事例（照片来源：日本大成建设公司）

节能环保汽车·节能环保工厂·从燃油汽车到新能源汽车——向无碳迈进

交通中的耗能主要由汽车造成。不必等到 2050 年，电动汽车、氢能源汽车就会成为主流汽车。燃烧汽油的时代将会一去不返，汽车行驶中不会排放出二氧化碳将会成为常识。此外，由于这些汽车动能极高，所以即使从化石燃料中得到电和氢气，二氧化碳的排放量也会急剧减少。不久，人们将从可再生能源中得到电和氢气，行驶时排放的二氧化碳量将会越来越少，甚至达到零排放。

2015 年，丰田汽车公司宣布了“丰田环境挑战 2050”战略，这完全就是我在 1999 年提出的“展望 2050”（参考第一章）的汽车行业的版本。作为全世界实力最强的汽车公司之一，丰田选择了正确的前进方向。

多样化的出行手段

艳阳高照，年轻人驾驶着汽车，老年人驾驶着迷你电动车，现代人的出行方式变得多样化。商品价格变低，可以让人们同时拥有 1 辆晴天专用和 1 辆雨天专用的汽车，这也许会带动经济的增长。有人正在建造一架可以从伦敦郊外直飞巴黎郊外的全电动飞机，也许很快就能发售。如果能够乘坐电动飞机，从某个交通不便的地方城市飞到另一个城市，地区间交通的便利性将会得到很大提升。

信息自由与出行自由缩小了地区之间的实质性差距。的确，我们已经可以低成本享受高度的信息自由，但是乘坐飞机或高铁等交通工具出行的成本还是很高。假使出行成本降低到十分之一甚至三分之一，我们也能感到比之前自由不少。自从有了 LCC（低成本航空公司，也叫廉价航空），乘飞机也比之前便宜了不少。在移动出行领域，一旦发生变革，就很容易破坏现有的市场价格。哪里有需求，哪里就有变革。如果某天地球上某个地方发生了某种变革，那么在全球化的环境中，它将在瞬间被扩散至全球。其实，人类完全可以过上更加富裕、更加自由的生活啊。

图 序-9 多样化的出行方式（照片来源：白金构想网络组织）

节约能源是最好的解决策略

日常生活消耗了60%之多的能源，家庭、办公、交通方面正在努力实现低碳化。消耗了其余40%的制造业，也在如火如荼地节约能源，今后也会保持这种态势。就像“展望2050”所倡导的那样，在2050年以前，目标是让能源利用率达到1990年水平的3倍。

在促进节能的商业领域中诞生了节能环保公司（Energy Service Company，ESCO），他们的客户主要是大型企业和大型建筑。今后，中小型建筑、多租户建筑、家庭建筑等都将成为节能环保公司的服务对象，这里潜藏着巨大的商机。我们期待有越来越多的风险投资公司能够发挥他们的专长。

都市矿山

目前，世界上现存70%的铁由铁矿石冶成，其余30%由废品中的废铁炼成。在发达国家，废铁量已经达到了对新铁的需求量，到2050年，世界上大多数国家都会出现人工产品饱和的情况，废铁量巨大。而且，比起铁矿石炼铁，废铁炼铁只需消耗前者三分之一的能源。从目前的情况来看，制铁占据了制造业整体耗能的五分之一。所以，如果都市矿山不再需要铁矿石提供新铁，那么就可以大幅度削减能源消耗量。

这种情况不仅存在于炼铁，铜、锡、锌、稀土等资源也一样，甚至连贵金属黄金也是。为了将都市矿山变成更加高效的系统，人类就必须高效地回收人工产品。在日本等国家，建筑、房屋、汽车、大型家电等人工产品的回收系统已经高度发达，今后需要不断完善电脑和智能手机等小型家电的回收系统。贵金属和稀土资源也会逐渐增多。小型家电的回收系统亟须改革，著名的二手物品贩卖公司 ReNet Japan 正在开发将快递与旧物回收联结起来的运营系统。

以 2050 年为节点，人类将告别采掘金属资源的时代，步入循环利用废金属的时代。

图 序-10　都市矿山的形象图（照片来源：白金构想网络组织）

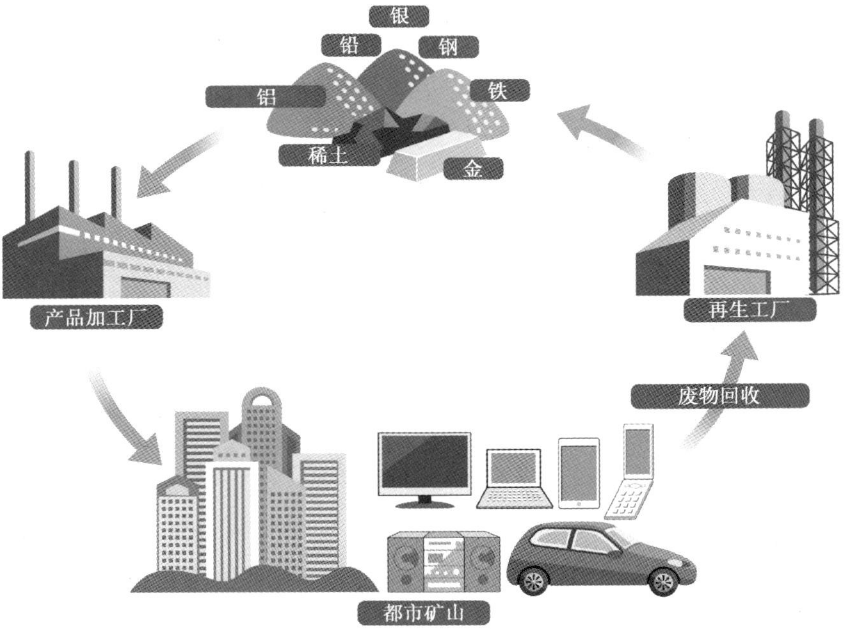

可再生能源

世界各地开始兴起建设最低经济成本的发电站，通过水力、风力、太阳能等可再生能源进行发电。可再生能源使用起来安全又安心，况且人类也要摆脱高成本能源，这样一来，相对于化石资源和核能来说，可再生能源明显更有竞争力。可再生能源领域频发的技术变革，势必会带来更加强劲的价格优势。

在所有的可再生能源中，除了地热和潮汐，来自太阳的能源会在地球上以多种多样的形态呈现给人类，太阳光提供给人类的能源是人类需求的 1 万倍。无论从量还是持续性来看，可再生能源是无限的，它们的成本也是最低的。毋庸置疑，未来人类使用的能源将全部是可再生能源。

在 2030 年到来之前，日本有望进入大规模使用可再生能源的时代。

信息系统由集中型变为网络化，便利性与安全性大大提升。可再生能源既环保又安全，既廉价又丰富，并且可以持续获得，如此令人安心的能源资源，在未来必将成为能源系统的核心。预计在 2050 年之前这一愿景就会实现。

持续降低能耗、废金属变成都市矿山、可再生资源成为核心，在 21 世纪，它们已经不再是遥不可及的梦想。

日本成为自给自足的社会

可再生能源替代化石资源，都市矿山替代自然矿山，加快了社会向资源自给自足的转型。自明治时代起，日本由资源进口加工逐步转变成资源自给。这片狭长的国土上居住着高密度的人群，他们享受着高品质的富裕生活，这样的日本，就是 2050 年的地球。所以，擅长解决人类课题的日本做到了资源自给，这也是未来全世界应当呈现的面貌。

世界会成为持续循环型社会

如果把日本资源自给的做法在全世界推广，那么世界就会成为一个能源与资源持续利用的社会。具体来说，是一个基于节约能源、可再生能源、都市矿山的循环型社会。

与自然共生

20 世纪 60 年代的北九州市，天空与海洋和现在相比，已今非昔比。

昭和三十年代

20 世纪 80 年代

现在

照片 序-5　三岛市源兵卫川上萤火虫飞舞，河流清澈，游客倍增

（照片来源：Groundwork 三岛）

以太平洋沿岸的条状地带为中心，日本多地都经历过严重的公害事件。但是现在的北九州市，自然环境已经恢复得相当不错，许多来自世界各地的考察团都来到北九州市，访问举世闻名的环保优秀城市，而且，北九州特有的环境治理经验已经形成了体系，亚洲各国 60 多个城市在未来的城市规划中都借鉴了他们的经验。

城市不只是变美那么简单。丰冈市再次出现了东方白鹳，佐渡市再次出现了桃花鸟，多摩川等流经东京的河流中也出现了成群的香鱼回溯的景象——自然恢复到了曾经的样子。

照片 序-5 是三岛市源兵卫川的变化情况。从东京乘新干线花 40 分钟下来，出了车站再步行 10 分钟就可以欣赏到萤火虫。这 10 年间，三岛市迎来了 700 万人次的游客，曾经空荡的沿街商铺和卷帘门紧闭的商业街都焕发新生。三岛市成功地实现了与自然共生和经济发展。

看了这么多成功案例，结合逻辑思考，我们更加确信自然环境的保护、物质资源的安定供给、经济增长这三大难题终将得到有效解决。

与自然共生的宏观视角

伊藤园公司把不耕作的荒地统合起来，设立农业法人，开始生产自家产品所需要的原材料——茶叶。土地规模巨大，总面积已经接近 400 公顷，曾经无人耕种的荒地，如今已变成照片中的美丽茶田，实现了荒地再生。对于企业自身来说，通过原料自产，保证了原料的品质安全与稳定供应。在当地，农业的发展也带来了更多的就业机会。伊藤园的举措同时解决了商业课题和社会课题。

日本国土面积的 80% 都是耕地和森林。目前已经有 7% 的耕地被弃耕，成为荒地，70% 的森林实际上也无人管理。我们一定要抱有保全日本国土的信念。伊藤园所做的努力体现了由企业主导解决问题的方向。

人类正在面临粮食不足的问题，木材的稳定供给也是一个不容小视的课题。如果接下来日本能在林业发展上投入更多精力，那么我们就可以实现木材的自给，森林得以保全，山地得以维持。维持南部的森林，不再是难事——这些日本用于出口的森林正面临被过度砍伐的危险。

看着树就看到了森林，看着森林就看到了日本，看着日本就看到了世界，既要俯视也要仰视，这种全面性的视角必不可少。

照片 序-6 废弃耕地与再生茶田（照片来源：伊藤园公司）

健康支援和自立支援都是重要产业

人们担心老龄化会导致经济停滞。的确，老年人的消费欲望比年轻人低很多，这个负面影响我们不能否定。但是，比起年轻人，老年人对健康和自立的渴望要更胜一筹。当人们想要某种东西时，就会产生需求，如果可以提供满足需求的供给，就会产生经济活动，因此老龄化社会也会刺激萌生一些新的产业。

疾病产生于某种明确的病原菌或病毒，目前的医疗方式是用药物治疗那种明确的病因。但是，现代人也在遭受一些未被收录进疾病目录的症状的困扰，例如腰痛、特应性疾病、抑郁症等。要想有效解决这些问题，就必须使用大数据，活用人工智能等信息技术。我们从而可以想象，未来将会有哪些产业开始勃兴。

从照片 序-7 中可以看到支援残障人士的机器人。当人们思考、行动时，脑细胞之间会产生电脉冲。电流经过神经到达作用点然后再返回到脑细胞，由于脑细胞数量多，导致电流回路的数量大，人类就可以活动身体。所以，通过检测电流，判断人类的意志，驱动发动机，就可以研制出支援人类生活的机器人。电脉冲可以产生电磁波，因为它也是脑电波，所以也可以检测脑电波。

脑科学、脑机接口 BMI、机器人工程学代表了现代学术与技术的飞速发展，有了它们，只要没有脑死亡，人类就可以自立，这种时代很快就会来临。也就是说，只要脑子鲜活，就可以无须依赖他人进行进食、如厕等基本活动。这是个非常值得骄傲的终极尊严产业。

医疗的进步也十分显著。脑溢血等导致脑损伤的部分可以再生，这种医疗手段已经逐步被投入临床治疗。通过注射干细胞直达患处，就像照片 序-7 一样，通过机器人来辅助复建。于是，通过学习效果让运动神经再生的原理，已经进入了试验阶段。医疗是在不断进步的。

只要大脑还活着
就可自立生活

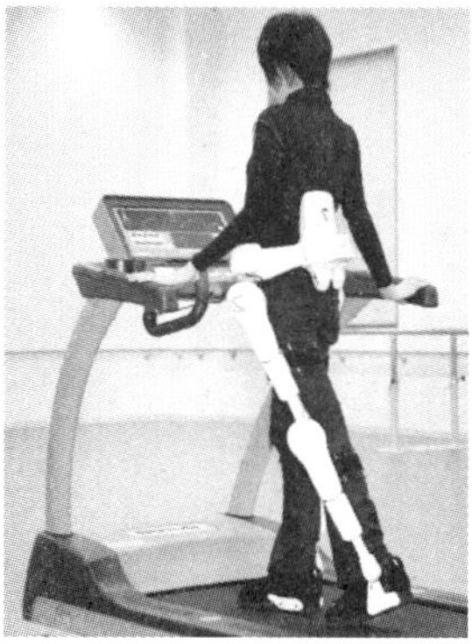

机器人裤子 HAL
（下肢型　辅助身体用）
日本 CYBERDYNE 公司
产品（日本）

聊天机器人“吉拉夫”
瑞典机器人谷公司产品
（瑞典）

辅助进食机器人
“贝斯蒂克”
瑞典机器人谷公司产品
（瑞典）

照片 序-7　自立支援是重要的产业（照片来源：三菱综合研究所）

活跃银发族（Active Senior）的参与不可少

众所周知，参加社会活动对于老年人来说有非常好的保健效果。最近我也看到有些报告显示医疗费和看护费降低了。但是，我们不谈医疗费用，单纯从社会意义的角度来说，一个健全的社会少不了高龄者的积极参与。前川制作所的情况是，员工退休后，如果本人有继续工作的意向，相关人员也知晓了这个情况，那么这名员工就可以一直工作下去，工作到多大年纪都可以。这家公司开发出了许多世界顶级的冷冻系统，几乎都是在职年轻员工和超龄员工共同的工作结晶。

这个例子很有启发性。在职的年轻员工经验不足却又业务繁忙，没有多余的精力投入新产品的开发。而那些已经退居二线的超龄员工，无论从经验上还是精力上，都可以填补在职年轻员工的弱项，产生协同作用。

照片 序-8　在职员工与活跃银发族联手迸发创造性（照片来源：前川制作所）

照片 序-9　已退休的控制系统相关从业者在机器人教室教课
（照片来源：next-ph 机器人俱乐部）

这样一想，其实高龄者可以活跃的领域有很多。在学校教育的一线，教师经验有限，教学形式和教学效果受限。如果学校可以请来那些有着丰富的海外生活经验、擅长处理投诉、技术能力强的人来教学，那么教学效果也许会好到难以预测。为了迎接白金社会的到来，活跃在社会上的老年人是不可缺少的重要力量。

选择多样化

有些企业开始把总部或者总部职能部门转移到东京以外的地区。小松制作所把总部职能部门转移到石川县的小松市，YKK（吉田拉链）公司把总部职能部门转移到富山县的黑部市。现在交通网络如此普及，日本国内往来可以乘坐新干线和飞机，可以说是非常方便了。还有一方面值得关注，在小松制作所的东京总部里工作的已婚女性当中，平均每人有 0.9 个孩子，但是在小松地区，这一数字高达 1.9。看来转移工作地点对少子化也能起到正面作用。

ARATANA 公司是一家位于宫崎市的创业公司，员工只有 120 人。“一脚迈进年轻社长的办公室，可以发现办公环境与东京相差无几。但是一脚迈出，就进入了宫崎市舒适的居住环境。”这句话给我留下了深刻的印象。受益于信息技术和出行方式的进步，东京以外的地方已经不再是落后的农村了。在哪里居住，在哪里工作，无论你处在人生的哪个阶段，选择的余地越来越大。今后这种选项还会增多，人类也会越来越自由。这样一来，也许能够解决大都市人口过多与地方城市人口稀疏的问题。

“小松方式”综合研究中心（左：女性社员正在研修中；右：研修中心的托儿场景）

照片 序-10　小松制作所在东京和石川县都有总部职能部门（照片来源：小松制作所）

照片 序-11　进入公司就可以看到和东京一样的办公环境，踏出公司一步就可以享受宫崎县优质的居住环境（照片来源：ARATANA 公司）

自愿参与

日本社会重视人际关系，在全世界都是出了名的。在历史上，因为资源有限所以并未遭受过外敌的全面入侵，日本靠着固有资源自给自足，通过共同种植水稻这一工作形式，人与人之间建立起密切的联系。进入明治时代以来，在工业社会里，人们在公司内部建立同事关系。但是，现在越来越多的人开始质疑这份人际关系是否还有存在的意义。今后，人与人之间还能维持这份关系吗？如果协同工作可以促进同事间的感情，那么也许还可以有助于建成白金社会。

无论是水稻种植还是公司工作，人们几乎都是被强制着参加共同作业，如果某人扰乱了集体团结，就会被其他成员孤立。这么一说，其实就是个参与自愿度相当低的社会。可是，白金社会应当是一个自愿参与型的社会。

比如，在 2030 年，人们还是从周一到周五工作吗？恐怕不是了。到了那时，也许企业允许员工平均每周休息 3 天，还可以自由选择在家里办公还是去公司办公。如果真的是这样，那么就更容易边工作边带孩子，可能就不再有育儿假这个概念了。目前已经有不少公司开始推行这种自由度更高的办公方式。

对于那些超过退休年龄的国民来说，是选择与在职年轻员工继续竞争，还是像在前川制作所这样协同办公；是选择去其他城市生活，还是留在大城市养老，这些都可以根据自己的意志自由选择。

信息化教育培养下一代人类

与读书写字一样，信息技术已经成为人类基本的应用能力。如果在教育领域发挥信息技术的作用，那么教育的效率将得到显著提高。可以用动

图 序-11　工作方式发生改变，每周只需去公司 2 次，在家办公 2 天

（照片来源：白金构想网络组织）

画的教学形式来说明战争如何惨烈以及表现艺术，甚至于人类受精、生育的过程，从而省下一大笔教学经费。一方面我们必须要培养未来的一代，另一方面必须要增强教育的效果，无论哪方面都需要把信息技术导入教育中去。我听说有许多对这方面有强烈意愿的少数精英集团、电子教科书教材协会（DiTT）、CANVAS 等年轻组织，已经行动起来了。

雇佣关系活跃的社会

对于被雇用者来说，雇佣关系不仅意味着带来了经济来源，而且还将其与整个社会连接起来，具有重要的社会意义。尤其在未来，生活必需品的价格更加亲民，当衣食住、家电、车、音乐、影像等各种物品都可以以更低的价格入手时——与社会接触的意义比谋生更重要。

说到雇佣的话题，有不少人在担心人工智能是否会在未来夺取人类的工作机会。机器人已经可以替代人类从事体力劳动了，下一步就是替代脑力劳动了吧。

创业公司 Link Earth 为我们指明了答案的方向。常见的想法是将大型企业的需求与中小企业的技术结合起来，但是要想联结多方信息，还是要靠人类的智慧。这家公司虽然年轻，但是员工已经多达 1700 人。每个员工都是 linker（联结者），把需求和技术完美联结起来。这家创业公司满怀信心地以开发信息系统起家，但是实际上完全没用上——许多创业家都反复犯过类似的错误。只有通过人的参与，系统才能发挥作用。这个案例告诉我们，只有将人工智能与人类智慧相结合，才有望做出高效的、令人舒适的优质系统。

教育、健康、观光等，在白金社会变得更加重要的服务行业里，蕴藏着雇佣问题的答案。

目前，尖端人工智能，即“society in the hope”（希望中的社会）备受热议。人工智能发展的过程中少不了社会参与。如果有了社会的干预，那么今后人工智能在不断试错、不断发展的过程中，也不会触犯我们现在担忧的伦理问题，并且也无须担心人类会被人工智能抢了饭碗。

生儿育女的社会

如果要我说一个日本的重要课题，那我不得不说少子化。出生率只有 2 个点，确切地说只有 2.07 个点的民族迟早会从地球上消失。预测人口数量其实不难。如果女性的 30 岁是生育高峰年龄，那么从今天算起未来 30 年中生育的人就是目前处在 0 ～ 30 岁的女性，这个数字范围很明确。预计 2050 年日本总人口会跌破 1 亿大关，达到 9700 万人。有一点非常明确，如果不马上做出应对，人口减少与老龄化将会使日本陷入严重危机。说到底，政府费时费力去打造一个年轻人不愿意繁殖后代的社会有什么意义呢？如果工作方式、育儿方式、生活方式更加自由，雇佣机会更加多样，并且地球环境和资源让人安心，那么人们就会对未来抱有期望，自然愿意组建家庭、养育后代。

在白金社会里，如果一个普通人有这种意向，那么他完全能够实现组建家庭、养育后代的愿望。

知识的结构化中存在答案

当人类处在转换期时，一定需要一场变革，但是这种变革未必是获得诺贝尔奖或者其他十分不得了的发明或发现。至今，人类已经掌握了非常多的知识。例如，植物的光合作用是植物吸收光能，合成二氧化碳和水，得到葡萄糖与碳水化合物。在 19 世纪，这就是有关光合作用的全部知识了。到了 20 世纪，人类开始搞清楚了更加细小的构造，更详细、更具体，直到掌握了分子结构。结果就是，现在人类掌握了比之前多 1 万倍、100

万倍的超大量知识。几乎在所有领域，人类的知识储备都在扩张。知识储备本身是件好事情，但是问题在于并没有哪个人类个体能够同时掌握所有知识，而且人类暂时还没有办法把手中的全部知识活用起来。

如果，人类能在现已掌握的庞大知识中合理地使用恰当的知识，那么大多数的问题都能得到解决。我把这个现象定义为“知识的结构化”。今后，总结结构化知识的方法论，采取具体的行动，并且把它们与创业家精神相结合，应该会衍生出多种多样的变革。

健康、医疗、看护、与自然共生、观光、教育，如果能够采取恰当的方式把目前人类掌握的知识利用起来，就一定会有变革出现，以高生产率获得舒适的服务。

宣传成功案例的方法

鹿儿岛县的 Yanedan 地区（鹿屋市串良町柳谷集落）、岛根县海士町、德岛县上胜町、北海道新雪谷町等地，都是距离东京较远、人口过疏、即使发展停滞也不足为奇的地方，结果却呈现出宛若白金社会的景象。这些地区有着共同的特点，那就是它们都有着不可多得的杰出领袖，聚集了优秀的贡献者，巧妙地发挥出地区特点，在极其特殊的环境中造就了成功的案例。

在工业社会中，如何将工厂全面扩展是一个难题。因此，很多人研究它的方法论，也通过教科书、手册和宣传页的形式做了归纳，由此推进了工业化的进程。

人类必须要找到宣传白金社会的方法。在白金构想网络上，有很多例子可供参考，我们正在研究如何横向扩展，把获取的知识归纳总结在白金社会构想手册上。而且，虽然做不到完美，但是完全有能力把方法论整理清楚。

解决课题需要结构化的知识和行动

虽然困难重重，但是我知道有一拨学者凑在一起，决定使用自己结构化的知识和行动尝试解决那些重要的课题。

东京大学为“白金社会”举办了综合捐助讲座（presidential endowed chair），汇聚一堂的年轻研究者们，分享他们在种子岛开展的综合项目，通过实践不断取得的重大成果。图 序-12 展示的就是这次大型项目的概要。

重要的是必须调动并整合各种各样的知识来解决问题，即知识的结构化，并且建立外部人力、财力与当地的人员组织之间的信赖关系。要想建立信赖关系，光靠喝酒是不够的。一定要让那些把交情和利害分开来看的利益相关者体会到认同感，所以，少不了综合且具体的项目来牵线。这三年的项目进展得到了成果，在此基础上，无论在哪里，都是向着构建白金社会迈进了一步。

图 序-12　依靠知识结构化解决课题的种子岛项目

出处：东京大学“白金社会”综合捐助讲座

以白金社会捐助讲座为契机，化学工程学会创立并发展了“社会实装学创成研究会”，为的是让知识能够被实际应用在社会上，让知识的统合方法变得体系化。“日本工学 ACADEMY”与他们不断合作，他们的目标是不仅在化学领域，更要在广阔的工程领域创造出更多便于社会实际应用的平台。

在有需求的地方，知识的结构化推动新兴商业的勃兴，可以让人类变得更加富有，这种富有不仅仅意味着比现在拥有得更多，而且意味着过上更加安心舒适的高品质生活。

变革要从大都市开始

鹿儿岛的 YANEDAN 或岛根县的海士町都是具有代表性的地方城市成功案例，但是不能忽略了大都市。如果从不同性质的构想交汇处开始变革，那么这种概率就会达到预想密度的 2 次方。如果预想密度是 100 倍，那么实际密度就会达到 1 万倍。几乎汇集了人、物、钱、信息等所有元素的大都市东京，就是一个变革发生概率最高的城市。具体会发生怎样的变革呢？提示就藏在东京西南地区、涩谷、二子玉川与自由之丘两两相交的白金三角中。在这里，许多不同种类的企业、发明家、大学学者等联合起来，为了创建可持续发展的新型城市，正实施着人类渴望的变革。

保证商业化的可持续性

三岛市的“萤火虫经济复兴活动”是在与自然共生中迈向白金社会的典型象征。它的意义在于，创造出与人类的健康、安定、日常活动息息相关的巨大价值，提升了人们的幸福感。同时，此类活动吸引了众多游客，有助于 GDP 的回升。他们没有选择政府发放的补助金，而是通过发展市场经济实现了经济回暖。白金产业有望摆脱资本收益率最大化的资本主义经济。但是，为了通往白金社会的路走得顺利而长久，也不能全盘舍弃商业化。

终身成长社会

无论你从事什么职业，当社会处在转换期时，你的工作内容必将受到影响，甚至发生剧变。人类已经不能像以前那样，期盼一生从事一份一成不变的工作。而那些能够帮助人类随时应对新工作的教育产业，会越来越重要。白金社会，就是一个所有人都在不断学习的社会。

在学校里念书的时候，常常听到老师严厉地激励学生："再努力一点！你还差得远呐！"现在只有发展中国家的大学老师才会用这种办法。没有人能预测到未来的白金社会将会是什么样子，也没有任何一名教师清楚哪条才是通往白金社会的路。"老师们、同学们，大家一起来做个游戏吧"——将来也许会进入一个倡导这种教学思想的时代。毕业后，既然离开了学校、老师和课堂，那么就应当融入社会这个大课堂里，积极听取众多人士的经验和看法，学着去适应多样性的交流。今后，整个社会都将进化成一个长期持续互相传授、互相学习的社会。

丸之内白金大学是一所致力于提升人们迈向白金社会的能力而设立的新型学校。自 2016 年 7 月开课以来，一直座无虚席。丸之内附近的商务人士会付费到现场听讲座，所以我敢保证，这就是未来时代的雏形。

一直以来，白金构想网络组织都把培养人才视为最重要的事业之一。白金构想学校是一所多样化的学校。各地方自治体的工作人员聚集在东京，提出以"我们城市的白金构想"为主题的毕业论文。在一些大学和自治体，由这部分职员组成团体对政策进行解读。在各地区医疗中心聚集的保健医师，借助白金能源学校的平台，向中学生和高中生授课，提升市民对相关知识的理解程度。这些新型学校都是为了帮助人们更好、更快地适应终身成长社会。在这些学校里，也许会有诺贝尔奖得主或曾任职日本银行总裁的人在未来人才育成塾里向中学生讲课，也许会有“银发族”在机器人教室中对小学生进行教学，教学方式多样，知识范围广阔。到 2050 年，如果这种教育产业拥有最大数量的会员，也不足为奇。

照片 序-12　丸之内周边商务人士在工作之余自主认真学习的场景

（照片来源：东京丸之内白金大学）

照片 序-13 培育人才是最重要的事业
（照片来源：白金构想网络组织）

发达国家的经济还可以继续增长

在很早以前，只有很小一部分特权阶级在出门时能乘马车或轿子，普通人出门都是靠两条腿走路。在汽车被发明出来以后，几乎还是同样的情况。但是亨利·福特（Henry Ford）提出“我们要生产出让所有员工都能买得起的便宜汽车”，开发出标准化、大批量的生产系统，使得生产率有了划时代的提高。把汽车的价格降低至十分之一，让买得起车的人增加到100倍，将市场规模扩大了10倍，他开启了一个良性循环，这就是变革与经济增长的基本关系。目前，在那些物质已经达到饱和的发达国家中，是否已经失去了经济增长的种子呢？

并非如此。从图 序-7 中我们可以看到，白金社会的必要条件，有好几条已经萌芽了。

说到土木建筑，我们马上就会联想到它是个“肮脏”（汚い，Kitanai）、“危险”（危険，Kiken）、“辛苦”（きつい，Kitsui）的典型“3K”行业。但是现在，工程从设计到维护，全部都已经信息化；使用无人机进行测量，使用机器人或自动拖拉机进行作业，先端企业已经向着i-Construction（建设工地的生产力革命）进发了。一旦成功，工程单价就会降低至过去的十分之一。将来有可能完成多于现在100倍的工程量，但是这种工程不会发生在发达国家。实际上，在这个领域，存在巨大的维护需求。自来水管道、天然气设备、桥梁、隧道、高速公路等，现存的基础设施逐年老化，平均每年在基础设施维护上的花费就高达 100 兆日元，真的是太多了。照这么下去的话，谈何未来。但是，如果生产率可以提高 10 倍，那么就能够看到未来。人类依然需要像亨利・福特这样的变革家。

另外，如果 1 名看护工作者能够胜任 10 个人的看护工作，那么看护费用就可以降低至十分之一，大多数的人可以得到放心的看护，市场规模自然会扩大。医疗也是同样。我们看到，价格高昂的尖端医疗让财政出现缺口，但人类应当做的是降低成本、提高生产率。在老龄化社会，医疗需求会扩大 10 倍以上。除了医生和护士，我们还应当培养更多的医疗从业者，导入运用人工智能的信息系统，从而实现生产率的提高。人类需要的就是一场变革。

GDP 与 IWI

亨利・福特通过提高汽车生产率满足了人类的需求，带来了经济增长。但是，面向白金社会的创造型经济需要一场变革，经济增长并非一定要通过商业的方式。也就是人们说的经济的外部性问题。

举个例子，如果以团体的形式互相照顾老人，即使看护的高品质毫不输给专业的商业看护，也无法被计入 GDP。这就好比在餐厅里用餐就会对 GDP 增长做出贡献，但是如果是在自家招待客人用餐，就无法被计入 GDP，道理是一样的。而且，健康自立是白金社会的条件之一。但是在现在的市场中，预防措施不会转化成 GDP。糖尿病患者做透析会增加 GDP，但是预防措施会防止患者做透析，相当于在减少 GDP。透析患者被逼无奈过着低品质生活，但是他同时又的确在为 GDP 增长做贡献。这个问题和公害问题的性质相同。人们应该马上构筑新的体制，把经济的外部性变成内部性。

许多面向白金社会的活动，正在为提高生活品质提供服务。你也许很难想象汽车或电视机的制造销售能够脱离市场经济，但是独立于市场经济的服务并不少见。可以让这些服务实现经济活动内部化，帮助提高 GDP。

GDP 可以用来衡量一个发展中国家在物欲刺激下的社会发展和经济增长情况。但是，要想获取生活品质提高的指标，必须要有新的衡量标准，所以就出现了联合国提倡的包容性财富指数（Inclusive Wealth Index，IWI）。IWI 是一个包含了环境与可持续发展的总括性指标。

在白金社会，应当把经济规模的指标与 QOL 的指标，比如 GDP 与 IWI，放在同等重要的地位来考虑。

白金产业与经济增长

在图 序-13 中，一个点对应一个产业领域，按照二氧化碳排放量从多到少的顺序从左到右排列。纵轴表示的是相当于某产业领域附加价值 1 兆日元的二氧化碳排放量，横轴表示的是这个点与它左边的点的差，也就是这个产业的附加价值，可以理解为对 GDP 做出了多少贡献。2013 年的 GDP 在最右端，只有 523 兆日元，同年二氧化碳的排放量为 12.54 亿吨。横轴的最左边是制铁、化学等工业，贡献同等 GDP 就要排放更多的二氧化碳。在右边的是金融、房地产、商业、医疗、教育、服务等第三产业。我们从中可以看到第三产业的二氧化碳排放量要远低于第二产业。

要想同时实现低碳化与 GDP 增长，就只能让左上方的产业变得低碳化，让右下方的低碳产业实现增长。也就是说，让工业和交通变得低碳化，让教育、观光、医疗等行业增长。在白金社会将实现炼钢业的电炉化、汽车的零排放，让可再生能源这些在左边的产业变得低碳化，让健康自立支援、教育、观光等产业大力发展。换句话说，向白金社会迈进，也是同时实现低碳化与经济增长的手段之一。

例如，在 2050 年前保持经济每年 0.3% 的增长率，同时削减 80% 的二氧化碳排放量，那么 2050 年的 GDP 就可以达到 600 兆日元，而且必须要让二氧化碳的排放量降至 2.51 亿吨。达成本目标的案例之一就是下面的这根线。就像前面说过的那样，达成虽不易，但绝非不可能。并且，参考过去的 20 年里可再生能源和汽车带给我们的启示，如果目标清晰可见，那么变革便值得期待。

改变产业结构以适合白金社会，实现量的增长和质的飞跃，这是正确的选择。

图 序-13　明朗的低碳社会的经济结构

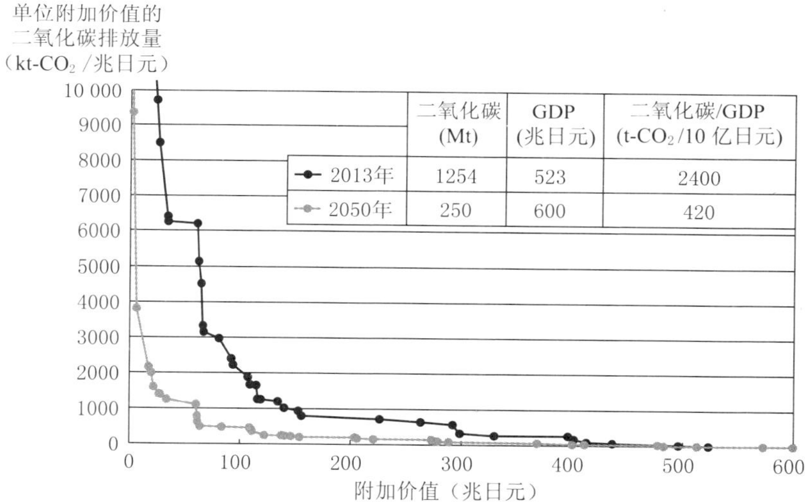

出处：基于“科学技术振兴机构—低碳社会战略中心”的资料数据制成

和发展中国家一起，以实现白金社会为目标

发展中国家有一个好处就是可以从零开始。非洲原本没有固定电话，但就在一瞬间，非洲变成了移动电话和网络遍布的世界。在可再生资源系统的构筑上，发展中国家不具备成熟的电力系统，缺乏大规模发电站和电网，但这也是发展中国家的优势之一。都市矿山也是一个优势。在发达国家，

由于目前钢铁业基本上以高炉冶炼为中心，所以要想转变成以转化废铁为主的方式，其中也存在着矛盾。在发展中国家，人造产品的总量不多，产生的废铁也不多，由于他们没有成熟的高炉炼铁基础，所以完全可以从发达国家进口废铁，在本国发展以处理废铁为中心的技术和系统。这个系统是白金社会的产物，可以把它反向出口给发达国家。也就是说，发达国家与发展中国家携手可以把人类送上通往都市矿山的道路。正因处在转换期，从零开始才是个非常大的优势。

第二个优势是，应当导入的基础设施和产品大多数都很便宜。如果因地制宜地做出正确选择，那么可再生资源就是最便宜的能源资源。现在，节能家电已经走进了千家万户，虽然在5年前还没有这么普及。当今社会的特征之一就是变化迅速，这种迅速的变化对发展中国家来说是件好事。

第三个优势是，目前世界上有大量资本正在寻找投资目标。未来将要导入发展中国家的东西大多都是对初期投资有较高依存度的东西。热泵之类的节能设备，风力发电、太阳能电池等可再生能源，使用辅助机器人的健康自立支援系统等，都是在前期需要大量投资，之后就等着回收利润的事业。也许有人会认为，对于资本积累较少的发展中国家来说这并不是个很好的选择。的确，如果是短期投资，那么就不要考虑投在这些项目上了。但是，世界上有些人会用自己的养老金开始做投资，他们往往倾向于投资那些风险低、有稳定回报的项目，因此这些项目背后有着巨大的资金支持。如果能够想出一个好办法，让人们手上多余的资金动起来，去投资这些项目，那么就可以大幅缓解发达国家中资本金不足的困难。

第四点，我们应当铭记的是，以中国的PM2.5为代表的公害问题。所有发展中国家，一定要避开公害问题，绝对不可以经历。为什么呢？因为造成这一现象的原因和解决办法都是人类已经知道的。中国的相关学界当然再清楚不过了。当努力去实现10%的经济增长率时，明明用1%的环境投资就可以避免，然而还是造成了今天的不堪局面。绝对不可以仅仅把它看作是他山之石，必须要把知识体现在政策中。

总的来说，发展中国家不应当走发达国家的老路。如果走上了老路，就意味着发展中国家要再经历一遍公害问题、生活方式病等发达国家曾经经历的失败。我认为没有这个必要。人类接下来应当以白金社会为标杆，努力去实现白金社会的要求。在发展中国家，也存在着发达国家所没有的优势，二者相辅相成。在发展中国家实现最佳的物质生活，可以向全世界包括发达国家普及。一定要把发达国家和发展中国家看作是一对好搭档，他们有着同一个志向——引导世界走向白金社会。

人类在公布 SDGs 时公开宣称“不会抛下任何一个人”，一致通过了《巴黎协定》。接下来要做的只有执行。发展中国家盼望自主发展，这是合乎情理的。而且发达国家应当与发展中国家一道向着建成白金社会共同努力。发展中国家有了发达国家的帮助，就能够应对社会习惯、制度整备、治安维护等问题。

实现这些构想的关键在于人力和财力，说到底还是要靠教育。非洲的人口问题是世界人口爆发时的遗留问题，要靠教育来解决它。非洲很重要，不仅是人口问题，非洲未来的走势将会影响到人类的前途。有句话叫“好心有好报”，千万不能忘。

发达国家与发展中国家之间的问题的解答方向越发清晰明了。人类要做的就是鼓起勇气携手朝这个方向迈进。

差距与社保　国家与市场

地球的容量之大，足以应对今后的人口增长，为所有生存在地球上的人提供舒适的生活，满足人们的物质需求。在有限的地球中，我们每一个人都能够持续过着物质与精神富裕满足的生活。也就是说，未来人类一定能够实现白金社会这一愿景。

但是，为了实现这一愿景，就不得不在某些事情上做出让步。在人类社会，公平性和平等性是极其重要的价值，但是这种价值在全球引起的动荡，就仿佛正式雇佣与非正式雇佣在日本社会引起的动荡，开始对世界产生影响。社会保障制度存在的意义在于缓和社会中的差距等问题。但是，眼前的日本，保险金入不敷出，赤字国债不断增加。正在工作的这一代人向国家上缴的保险金是有限的，要想缩减赤字，只能增加税收。因此，有必要对税收和社保做出行之有效的一体性改革。

税收增加的前提是法人与个人的收入增加。有必要在这一方面做出改革。之前一提到国家的产业振兴政策，马上想到的是推动汽车和太阳能发电之类的几个特定产业，但是当今社会已经大不相同。如今，只要把技术和知识有效结合起来就能制造出产品。我举一个救护运送系统的例子，目前，对于专用救护车辆与系统的开发已经做到极致了，但是为了提高救护运送系统的水准，今后的方向是淘汰旧车，逐渐开始使用智能汽车或无人机，联合动态地图等新技术，把现有的技术结合起来构筑高效的工作系统。为了实现这种变革，国家有必要思考该如何把各种各样的产业和技术结合起来。如果要打造出一个能让各行业贯通起来的架构，就必须先由上而下地改革纵向行政结构，打破这一道障碍，只有国家才能担此重任。

为了变革而存在的制度

在本书最后部分的嘉宾谈话里，吉川洋先生在他的新作《人口与日本经济》一书中一语道破，经济增长并非源于劳动力人口的增加，而是改革带来的结果。改革的种子就埋在白金社会的周边，它的嫩芽已经在多处冒头了。

不仅要做出新的产品，还要降低成本，这样才能带来变革。亨利·福特把汽车的价格降低到十分之一，使买得起汽车的人增加了 100 倍，市场也扩大了 10 倍，这就形成了自由市场的基本架构。举个例子，即使有一流的医疗条件和看护机器人，但是如果还是在日本现行保险制度下支付费用，就无法达到价格下降的目的了。财政体系将会破产。这不就和那种说着“高价汽车很好，不如给国民都发一发吧”的制度差不多了吗？诱发变革的必要前提是，建立起一种能够触发价格降低的制度。为了实现“不会抛下任何一个人”的 SDGs 理念，活用自由市场是非常有效的办法。

20 世纪冷战结束后，建立在民主主义基础上的资本主义体系遇到了困难。我们必须要不断发挥自由市场让人与经济都可以灵活发展的长处，同时还要在有限的地球中找到答案。

21 世纪是转换期

从回避人口爆发到克服少子化问题，从减少饥荒到预防肥胖，从化石资源到可再生能源，从采掘资源到都市矿山，从克服公害到与自然共生，从追求生产速度到悠闲度过人生，从强制参加到自由参加，这些全都证明了 21 世纪是人类史上的转换期。今天的课题之一是通过充分活用文明带来的自由来解决问题。解决后，我们将迎来一个资源自给、与自然共生、健康自立、终身成长、自由参加、文化丰富、选择多样的白金社会。

白金构想网络组织

21 世纪的愿景是白金社会，如今已四处萌芽。但是，要想把现有的社会发展成白金社会，人类应该做些什么呢？留给人类的时间不多了。有没有什么高效的办法呢？我们可以确定的是，如果人类做不到自律行动，那么就无法开始。我们的目标是建成自立分散协调型的白金社会。牢记目标，在各个自立团体之间，交换信息，共享智慧，将知识结构化，在得出导向成功的方法论的同时，不断采取行动，要下定决心前进，除了不断试错，没有其他的办法。至少，有必要把抱着这种理想和决心的人汇聚在一起，组成团体。白金构想网络组织，并没有确定具体要做什么，但是这个群体汇集了众多志同道合、一心希望建成白金社会的有识之士，在 2010 年 8 月正式成立。在成立之初的 3 年里确立了自己的理念，又在下一个 3 年里把行动具体化。在此期间，从创立伊始的 46 名会员壮大到如今的 319 名会员。我认为接下来差不多也该向着社会实践加速了。如果只有我们的话一定什么也做不成。幸运的是还有许多团体也向着同一个方向迈进，有了彼此的合作与鼓励，才能强化成果。也就是说，network of network，即“组织中的组织”，这就是自立分散协调型的白金社会中通用的行动指南。

预测未来的最好方法就是，想象一句美好的话。我们应该向着美好的白金社会前进。

照片 序-14　白金构想网络组织

第一章
来自“展望2050”的讯息

如果全世界的人都能过上物质满足、富有尊严的生活，那么这世界上的大多数困难都会被解决。联合国制订的SDGs中提到，目前全世界面临的最大课题就是如何减少贫困人口，而减少贫困人口也是地球可持续开发的必要条件之一。要想削减贫困，就必须不断延长地球的寿命，同时还要保持经济的持续增长。也就是说，要不断抑制全球变暖和资源消耗，源源不断地为发展中国家的居民提供充足的生存必需品。如果今后的人类还是要持续目前的生活方式，那么有三件事情是地球必须要做到的，但这究竟能否成为现实呢？对于这个问题我们已经做了研究，而且确信有这样一条道路。在1999年的时候，我们提出了“展望2050”的概念。

1-1 “展望2050”诞生的时代背景

必须要有宏观展望

我在 1999 年，也就是千禧年的前夕，出版了拙作《地球可持续技术》(岩波新书)。在 20 世纪 90 年代的后半段，《京都议定书》的通过，让全世界都开始聚焦全球气候变暖的问题，人类逐渐开始抑制二氧化碳的排放，同时许多人也开始感觉到支撑着 20 世纪飞速发展的物质文明开始停滞不前了。为了不让地球走向资源耗竭、气温上升、大量废弃物堆积等可怕的结局，一部分人开始有意识地行动起来，但是他们的行动还缺乏准确有效的数据和信息，围绕此事的讨论也很难获得定论。

要想让人们行动起来，必须要让他们认识到“自己想要做的事情是正确的”“自己这样做是为了地球的未来”。但是当人们想要推进废物回收循环时，却听到外界议论纷纷，“光费钱，不现实”。或者，当人们想要讨论导入太阳能电池时，却遭到一些专家否定——“成本太高不合算，而且发电量太小不够用”。

为了对抗这些扑面而来的意见，必须要有宏观性的展望。首先要充分考虑重要的细节，在此基础上从整体出发做出整合，并普及全人类。如果人们清楚看到了“未来应有的样子”，那么即使在提到循环利用或太阳能电池时遭到反对，也依然能够坚定地朝着正确的方向前进。虽然在 20 世纪末爆发了各种各样的问题，但我认为还是因为对于未来应有的样子，人类并没有达成共识。

全人类的富裕生活

为了妥善解决这个问题，我和团队成员们商讨并提出了“展望 2050”这个构想，大家可以从我之前的那本书《地球可持续技术》里看到相关的内容。“展望 2050”说的是人类在 21 世纪中期应当实现的一种物质循环型社会形态，这种社会形态依赖的是节能型可再生资源。“展望 2050”有三个基本原理，分别是“循环利用饱和的人工产品”“提高能源效率”“开发可再生资源”。在我们商讨时，是以地球上所有人类都能达到目前发达国家的生活水平为前提条件，同时还要解决环境与资源的问题。在此基础上，我收集并利用了当时最新的数据，单独讨论了如何大幅提高能源效率以及如何扩大利用可再生资源等课题。

在当时，几乎所有人都认为“让全世界的人都达到发达国家的生活水平，享受丰富的物质条件”是过于理想化的、不现实的，因为如果这是真的，那么地球就会被榨干压垮。其实在今天都有大约一半的人依然抱有这种看法。但是，联合国在 2015 年通过了 SDGs，不也是宣称“不会抛下任何一个人”吗？除了 SDGs，其他展望难道就没有实现的可能吗？当年我在考虑“展望 2050”的时候，还没有料到到了 2015 年联合国会发布这个宣言，但是我坚信我的想法没有错。我抱着这种想法不断研究，分析了 1995 年的生活与社会、人口与人工产品的趋势、技术与它的未来等，发现这并非痴人说梦，而是完全有可能实现的未来展望。

为什么是低碳社会

我们赖以生存的地球，它的环境正在以惊人的速度变化着。联合国政府间气候变化专门委员会 (IPCC) 的第 5 次评估报告 (AR5) 显示，在 1880 年到 2012 年之间，全球海陆表面平均温度上升了 0.85 摄氏度，以 1986 ～ 2005 年为基准预测 21 世纪末的气温变化，最高将上升 4.8 摄氏度，最低将上升 0.3 摄氏度（见图 1-1）。

气温上升的一个主要原因是人口增加。在 20 世纪的 100 年间，世界人口由 17 亿增长至 60 亿，人们的生活方式也越发呈现出近代化特色，物质需求全面增加，农业产量增加了 7.5 倍，工业产量暴增了 20 倍。

这些变化导致了大气中的二氧化碳浓度上升。在 100 年前，地球上的二氧化碳平均浓度只有 290 ppm 左右，但是在 2015 年年末，温室效应气体观测卫星 IBUKI 的观测结果显示，这一数值已经超过了 400 ppm。

大气层确保地球的整体温度在 15 摄氏度左右，但是由于二氧化碳浓度上升，这个平衡遭到了破坏。单看数字，人们也许会认为气温差距并不大。但实际上，地球气温攀升，正在对环境造成无法预估的影响。气温升高，将会导致洋流和气流发生变化，从而危及气候。欧洲之前已经遭受了史上最强寒潮的袭击，澳洲的酪农也因干旱而蒙受损失。在日本，酷暑天气和暴雪灾害都在增加。这些都是温室效应带来的气候变动所导致的，千万别以为这只是个“天热了就躲在屋里吹空调”的小儿科问题。

预计 2050 年世界人口将比现在增加 20 亿人，达到 90 亿。目前，发达国家平均每人每年排出约 8.4 吨二氧化碳。如果在 2050 年全球都达到发达国家的生活标准，那么全球每年的二氧化碳排放量将高达 750 亿吨，我的研究团队计算了一下，此时大气中的二氧化碳浓度将达到 600 ppm。比起过去 100 年间的二氧化碳浓度变化，接下来 40 年的变化未免过于激烈。

IPCC 预测的“最高上升 4.8 摄氏度”，是如果今后不采取对策来对抗温室效应，人们将会面临的最差局面；最低上升 0.3 摄氏度的前提是人们采取了积极有效的对策。现在还不能说哪个情况更好。为了地球生态可持续发展，人类应当向着尽可能最大程度减少二氧化碳排放量的方向，也就是“低碳社会”的方向迈进。

图 1-1　从世界二氧化碳排放累计总量的函数来看世界平均气温上升情况

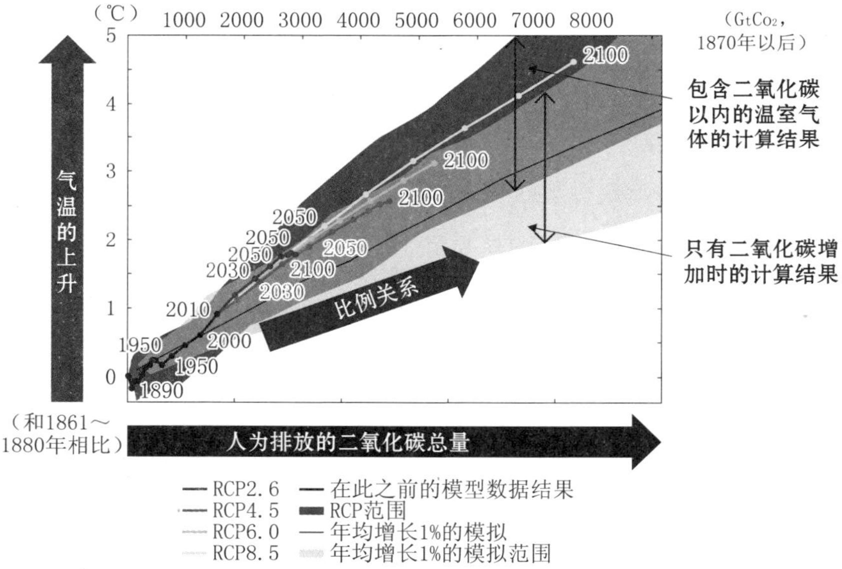

出处：基于 IPCC 第五次评价报告书 WGI FiguresSPM.10 的资料数据制成

全球升温带来的威胁

在 IPCC 的报告书中，每次都会就人类活动对气候变暖产生的影响做出评价。在 1990 年发表的首个评估报告中，采用了相对柔和的说法：“人为产生的温室效应气体也许会导致气候发生变化。”但是之后的每份报告书中，措辞越发尖锐，在第五次评估报告中已经写道：“自 20 世纪后半期以来，气温升高的主要原因，极大可能是人为影响，”并且人为影响的可能性已经达到了 95% 以上。

全球海陆表面气温在 130 年间已经上升了 0.85 摄氏度，在未来的 50 年里，预计会上升 0.3 ～ 4.8 摄氏度。这将会是人类史上前所未有的气温剧烈变动。

在全球变暖带来的风险中，最有名的就是极地冰川的融化导致海平面上升。巨大的冰川融化起来需要花费不少的时间，但是一旦冰川开始融化，海水温度开始升高，那么冰川融化的速度就会越来越快。假设气温不再上升，那么单靠持续冷却海水温度，让海水重新结冰，也要耗费相当长的时间。

一旦海平面上升，南太平洋的图瓦卢等群岛就会被海水淹没。泰国等海洋周边国家的沿海地区也会遭受海水的侵袭。我们的祖国——日本，也难逃一劫。如果海平面上升约 60 厘米，那么在东京和大阪等地的沿海地区，海拔高度为 0 的区域面积将会扩大至原先的 1.5 倍，当地政府将不得不投入一部分社会资源用于防治洪水和浸水灾害。

全球变暖会引起气候异常。虽然欧洲所处纬度比北海道更高，但是却有着温暖的气候。这是因为墨西哥湾暖流跨越大西洋北部到达欧洲，欧洲沿岸的冷水下沉，形成洋流循环体系。但是气候变暖会导致降水量增加，海水浓度因此降低。如果海水浓度降低，暖流将很难下沉，墨西哥湾暖流的影响将因此被削弱。

如果这种假设成为现实，那么即使全球范围内的气温都在上升，欧洲也会非常寒冷。前不久，寒潮席卷欧洲，供电被切断，上百人受灾甚至丧命。在计划建设基础设施时，通常会参考该地区目前为止的气象气候条件，但是如果今后要面对异常气候或急剧变化的气候，就很难拿出合适的

图 1-2　日本夏季的暴雨天数（上图）与酷暑天数的变化（下图）

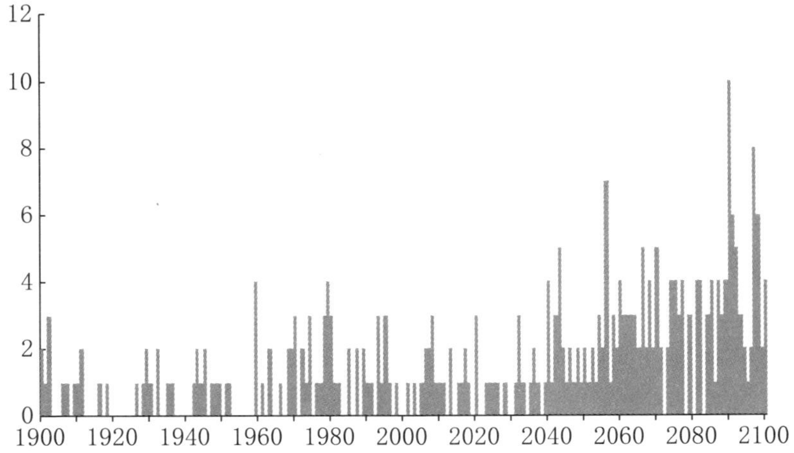

1900 年至 2100 年日本夏季（6、7、8 月）暴雨天数的变化（2001 年之后的数据来源于能源计划 SRES　A1B）。在覆盖日本列岛的格子（约 100 km×100 km）中，只要有一个小格子的单日降雨量超过了 100 mm，就算作一个暴雨日。由于是以广阔面积的平均值为基准，所以不能直接把绝对值与观测值做比较。重要的是单看相对变化。

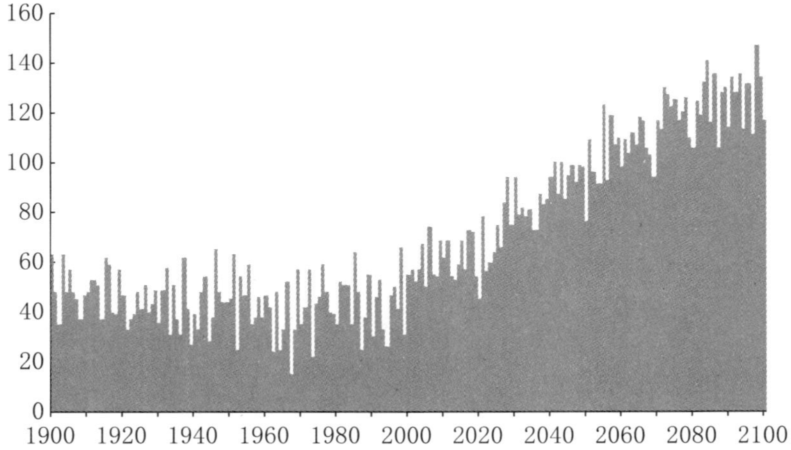

1900 年至 2100 年日本夏季（6、7、8 月）酷暑天数的变化（2001 年之后的数据来源于能源计划 SRES　A1B）。在覆盖日本列岛的格子（约 100 km×100 km）中，只要有一个小格子的当日最高气温高过了 30 ℃，就算作一个酷暑日。由于没有把城市化考虑进去，所以不能直接把绝对值与观测值做比较。重要的是单看相对变化。

出处：东京大学气候系统研究中心、国立环境研究所、海洋研究开发机构地球环境尖端研究中心方案。

设想一下，如果墨西哥湾暖流在流向欧洲时受阻，那么暖流带来的热量就会停留在热带地区，这将有很大可能造成墨西哥或美国南部地区气温急速升高。之前席卷整个美国新奥尔良市的卡特里娜飓风就是在这个情况下产生的。

还有一种更加恐怖的威胁，那就是西伯利亚的冻土层中的甲烷水合物。水分子包裹甲烷分子的甲烷水合物正长眠于此。温度升高导致冻土融化，甲烷就会进入大气层。由于甲烷的排放量小于二氧化碳，所以受到的关注度没有那么高，但是单位量的甲烷的温室效应能力是二氧化碳的10倍。由于温度升高导致甲烷进入大气层，甲烷的温室效应能力会加速地球气温升高。

近年来的气候学研究发现，地球的存在建立在一种微妙的平衡之中。这意味着，哪怕大气中的某一成分发生了微小的变化，都有可能造成整个生态系统发生剧变。

1-2 什么是“展望2050”

2050 年的理想状态

要想让全球变暖的脚步停下来，就必须控制大气中二氧化碳的浓度。在“展望 2050”中，我们以 1990 年的资源使用量为基准，模拟了 2050 年物质和资源的供给以及二氧化碳的浓度情况。

在 1990 年，人类消耗了约 60 亿吨化石能源、约 15 亿吨非化石能源（例如生物能源、水力、核能），总共消耗了约 75 亿吨能源。1990 年的世界人口大约是 60 亿，所以人均消耗约 1 吨化石资源。实际上，发达国家与发展中国家的差别很大，在这约 75 亿吨能源里，发达国家消耗了约 45 亿吨。我们再看一下各国人均消耗量，日本 2.4 吨，英国 2.5 吨，德国 2.6 吨，美国 5.3 吨。除去数值非常突出的美国，日本和欧洲这些发达国家人均消耗量只有 2.3 吨。

按照现有的推测数据，2050 年的世界人口将达到 93 亿，其中发展中国家的人口将达到 80 亿。如果他们的生活水平与发达国家相当，那么化石能源的消耗量将会是 2.3 吨乘以 80 亿左右，约等于 185 亿吨。其中 10

亿吨和基准年相同，通过生物能源就可以提供。另外，如果默认 2050 年发达国家的能源需求量和基准年的持平，化石资源 45 吨加上非化石资源 5 亿吨等于 50 亿吨。在全世界，要消耗 235 亿吨能源，相当于基准年的 3 倍。通过以上推算我们可以知道，如果全世界的人都过上富裕生活，那么地球将无法承受人类带来的负担。

但是，这个计算的前提是，2050 年的技术水平依然停留在基准年。技术会提高能源的利用效率。假设 2050 年能源的利用效率是基准年的 3 倍，那么能源消耗量就和基准年保持差不多的水平，也就是 75 亿吨。

即便如此，如果化石资源消耗量和 1990 年持平，二氧化碳的排放量维持原有水平持续排放，也无法将地球环境挽回到以前的状态。要想抑制全球变暖的速度，单靠提高能源利用效率是不够的，还必须要做出更进一步的努力。

在“展望 2050”中，我们提出了提高可再生能源使用比率的想法。基准年的非化石资源使用量折合成碳使用量大约是 15 亿吨。如果把它再提高 2 倍，那么到 2050 年，化石资源使用量只要 45 亿吨就足够了。也就是说，让能源利用率提高到之前的 3 倍，可再生能源利用率提高到之前的 2 倍，就可以把化石能源的使用量控制在基准年的四分之三。如果这个设想成为现实，21 世纪后半期持续提高能源利用效率，增加可再生能源的使用量，那么才有可能实现进一步控制化石能源使用量的愿望。

提高可再生能源使用比率的做法，对大气中二氧化碳的浓度有怎样的影响呢？

基准年的二氧化碳浓度是 369 ppm。从经验来看，大气中二氧化碳的浓度会随着人为排放的二氧化碳而上升。截止到 1990 年后半段，平均每年增加 2 ppm，如果按照这个速度持续增长，在短短 50 年内就会增加

100 ppm，到 2050 年岂不是要超过 469 ppm 了吗？

另一方面，正如前文所述，在 2050 年，发展中国家将达到发达国家目前的生活水平，同时，如果能源利用率和可再生能源的使用比率不发生改变的话，那么化石能源的年平均消耗将达到 220 亿吨。到了这个时候，二氧化碳的浓度将达到 600 ppm（图 1-3-b）。这个数值相当于工业革命之前二氧化碳浓度的 2 倍以上。

与之相对，在“展望 2050”中，化石能源的使用量相当于基准年的四分之三，二氧化碳的浓度是 460 ppm（图 1-3-c）。从数字上看，与维持现有速度的模型（469 ppm）差距不大，但是不要忘记，到 2050 年，人口要增加到 3 倍，能源需求也增加到 3 倍，能把使用量和浓度控制到这个水平已经很难得了。而且，如果要实现“展望 2050”，到了 21 世纪后半期还要继续沿着这个方向推进的话，就要减缓二氧化碳浓度上升的速

图 1-3　能源设想与二氧化碳浓度

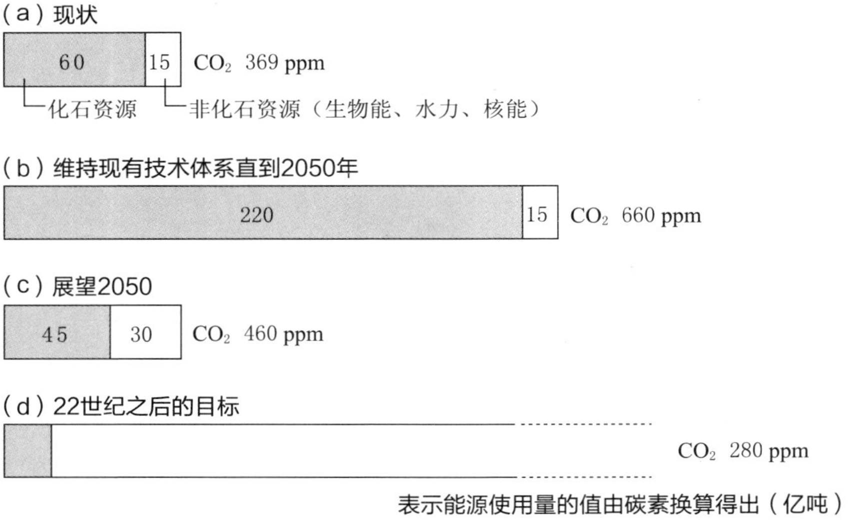

出处：《地球可持续技术》

度，不久后海水也会吸收二氧化碳，使其浓度降低。如果持续贯彻“展望2050”的措施，那么到了22世纪，让二氧化碳浓度回落至工业革命以前的280 ppm也绝非天方夜谭了（图1-3-d）。

以上，我们来总结一下“展望2050”的目标，简单概括成这三点：

① 打造物质循环系统；

② 提高能源利用率至3倍；

③ 可再生能源使用比率翻倍。

有望实现的低碳社会

虽然“展望2050”中提到要减少大气中二氧化碳的浓度，但是并不是要求我们为了实现这个目标而过度忍耐和牺牲自己。“展望2050”不是空想的理论，而是要依靠科学技术来实现上面说到的3个目标。

人工产品的饱和与物质循环系统

首先来看物质循环系统，着眼点在于人工产品的饱和。铁和水泥等人工产品在社会中长年累月地积攒，无论人口增长到什么程度，最终它们都会达到饱和状态。即使在人口众多的中国或是印度，对于物质的需求也不会永远扩大下去，一定会在某个时刻迎来饱和。社会基础建设的主要材料就是铁和水泥，以它们为指标进行分析，结果就是预计在2050年，全世界基本上已经接近一定程度的饱和状态。

人工产品的饱和指的是需要的新素材与废弃人工产品的量呈对等的状态。通过废物循环利用，废物摇身一变成为新的产品，那么就没有必要继续采集自然能源了。也就是说，本来就无须担忧金属资源会有枯竭的一天。在未来的人类社会中，最理想的状态就是无论是废弃物的量还是能源采掘量都达到最少，实现完全循环型社会。

提高能源利用率至3倍

第二，在设定能源利用率的目标值之前，要先看一下所有能源消耗的理论值。理论值与实际消耗的差，就是可节省能源的最大值。我们可以分析一下通过技术革新，最多可以节省多少能源。

举个例子，物体在移动过程中，能源消耗的理论值是零。一个重量为零的物体在运动时，并不会消耗能量。所以，减轻汽车或电车的重量是一个十分有效的节能手段，而且，将能源转化成动能的技术也可以帮助节约能源。在讨论了轻量化技术、驱动技术的可能性之后，我们预测完全有可能把运输中消耗的能源降低到原来的四分之一。

供暖与运输并列成为目前世界上最大的能源消耗渠道。在住宅或办公室，通过提高建筑物的隔热性，可以节省空调电费，使用高效的空调和LED照明等设备就可以降低耗电量。通过提高发电效率等各种手段，到2050年应该可以把能源消耗控制在原来的四分之一。

另外，制造业也在致力于提高能源的利用率。大部分的天然金属暴露在空气中后都会开始氧化，与其将氧化状态的自然金属转化成可用金属，倒不如直接将金属废弃物转化成金属制品更加节能环保。这样看来，循环型社会也会为节约能源做出贡献。此外，未来也有希望将建筑或家电等产业的耗能量减半。如果有一天这种缩减率能够覆盖到所有耗能的场合，那么平均下来社会整体的耗能有望降低至原来的三分之一以下。

像这样，清晰罗列出各个耗能项目的情况，对于那些占比比较大的项目，把理论与技术缜密结合起来，分析预测到的数值，和各个项目的耗能量加权平均，就可以判断出将效率提升至3倍是一个合理的目标。

可再生能源使用量翻倍

第三，要扩大开发可用的可再生能源量至目前的两倍。在 1995 年全球耗能中的 80% 是化石能源，火力能源占比 10%，水力能源占比 5%，这两种可再生能源总共占比 15%，核能占比 5%。所以，如果把核能也加入这种不产生二氧化碳的可再生能源中来，它们的总量就可以达到 20%。我们今后的目标就是让这 20% 翻倍，提高到 40%。

提高舒适性和经济性

以上三个目标虽然要求颇高，但并非是无法达成的无意义数值。在下一章里我会谈到 1995 年以来这 20 年间，人类为了达成这个目标而做出的一步步努力。而且，在一点点接近理想状态的同时，人类的生活品质也没有降低。人们想换一台高效能的空调或冰箱，完全可以轻松购买，简简单单就抑制了能源的消耗。新型家电用起来更便利、更简单；新型汽车要更省油费，更安全，更舒适。现在人们也有了新的乐趣，那就是从多种多样的节能汽车中挑选出自己心仪的一台。另外，工业部门的铁和混凝土的循环利用率也提高了。

循环率上升、汽车与家电产品效率提升、太阳能发电规模扩大，这些改变限制了人类的自由吗？显然不是。这些改变拉动了经济增长、提高了生活便利性、增强了生活安心感，可以说人类并没有因此蒙受任何损失，而且，这也刺激了大规模太阳能发电等新型商机。这就是“展望 2050”真正的价值所在。

所谓低碳社会，就是减少使用化石能源，降低温室效应气体排放量，它不应当成为一个限制人类活动与经济发展的阴郁话题。明朗的低碳社会并不是痴人说梦，而是一个完全有可能实现可持续发展的美好展望。

图 1-4　从消耗能源的家，转变为创造能源的家

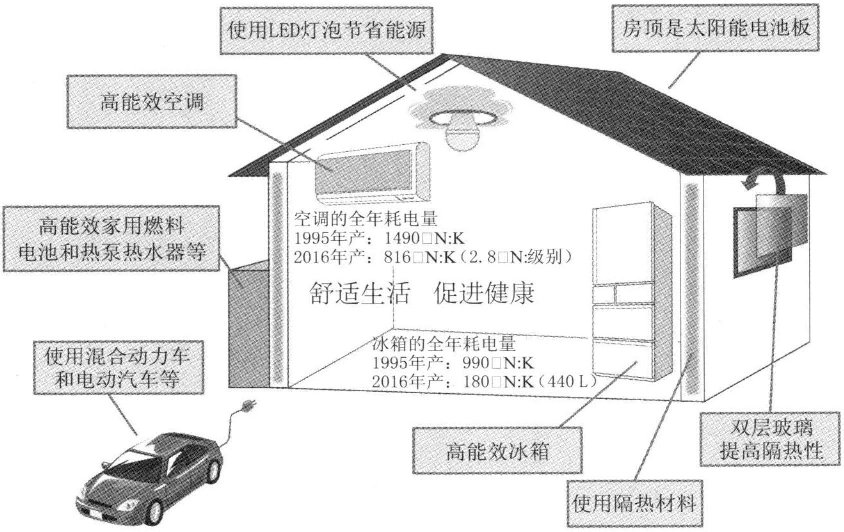

出处：由作者参考各种资料后制成

“展望 2050”的前提具有现实性

“展望 2050”的前提是，提升发展中国家的生活水平，维持发达国家现有的生活水平。如果到了 2050 年，发展中国家的居民可以过上和发达国家同样水平的生活，那么能源消耗量就要达到现在的 3 倍之多。但是，话虽如此，谁也没有权力说出要求发展中国家维持现有生活水平这种话。不可否认的是，发展中国家在走向近代化的历程中，本来就发生了不少类似恐怖事件或政变之类的阴暗凄惨事件。

为了减少能源使用量，改变生活方式也是很重要的举措。但是对于这一点请不要过于期待。控制过度包装、减少不必要的纸张印刷、多使用自行车出行等，这些日常生活中的一点一滴改变起来并不难，但是如果要在短期内让大多数人迅速转变成极端的生活模式，这是非常非常难的。地球

不会单凭精神论来转动。我在“展望 2050”中也考虑到了要转变人们的生活方式，但是并没有过度期待它能够带来数量上的明显成果，而是把重心放在了通过技术革新提高能源利用率这条路上。

到 2050 年，几乎不太可能用可再生能源彻底替代化石能源，这也是“展望 2050”的前提之一。除去水力发电与发展中国家的火力能源，1999 年时，可再生能源在全部能源中只占据了 1% 不到。汽油和煤炭等化石能源密度较高，可以随时使用。与此相对，太阳能和风力等可再生能源的密度较低，发电量受时间影响较大。从使用便捷的能源转变成使用时稍微费力的可再生能源，要想快速实现全面转变，这可不是一般地难。

“展望 2050”就是在这个前提下成立的。从最初着手企划以来，已经走过了将近 20 年的岁月，在当初执笔时我就参考了当时最新的并且是高精度的数据，和团队成员进行了充分讨论，即使今天回头看，这些内容也不过时。

发达国家与发展中国家的差距，也是今后要重点审视的信息。发达国家在今后必须要减少能源消耗量。发达国家的人口数量已经开始走下坡路，总体来看将呈现人口减少的态势。日本的人口数量在 2008 年时是 1.2806 亿人，达到了峰值。根据日本国立社会保障、人口问题研究所的推算，到 2050 年，日本人口最多只有 1.292 亿人，如果人口加速减少，那么很有可能跌破 1 亿大关。这种人口预测是基于出生率和平均寿命做出的推算，今后如果不发生较大的改变，到 2100 年，日本的人口将会减少至 6500 万～ 3800 万这个区间。

伴随人口减少而来的是能源消耗总量的减少。另外，汽车、住宅、家电产品等所有用电设备的能源利用率提高，那么在使用时间不减少的前提下，能源的消耗量就会减少。除了日本，其他发达国家多多少少也有类似的倾向。发展中国家不断开发进步，人口达到峰值，人工产品饱和，也会和发达国家一样，发生同样的变化。“展望 2050”就是在考虑了现实情况的基础上做出的合理对策。

在“展望 2050”提倡的变化中，日本走在了前列。我指的是，日本的老龄化严峻程度全世界最高，出生率低下，可以预想到人口会不断减少，日本在承受大额财政赤字的同时，艰难地向着明朗的低碳社会迈进。也就是说，为了物质富裕和地球可持续发展两不误，在构建合理的循环系统、节约能源、扩大使用可再生能源等措施的同时，也要大胆启用新技术或新系统，让高生产力弥补人口减少带来的损失。为了实现这个目标，有必要提供更多的场合和机会，让勤奋好学的人不断学习新的知识、思考方式与技能。只有有能力在社会激荡的洪流中聪明应对、积极处理的人才能组建一个健康的循环型社会，从而走向低碳社会。只有他们才有可能设计出一套包含所有社会要素的健康系统，这除了智慧，还需要极大的勇气付诸实践。

作者注 1：在本书中，有一种表现形式是“化石资源 XX 吨”，这个数值是以当时的煤炭、石油、天然气的比率为基础进行碳素换算的结果。另外，有关二氧化碳量的换算，化石能源数量的 3.1 倍，等于二氧化碳的量。但是，不同时代和不同国家，煤炭、石油、天然气的比率会根据不同情况出现一定的差异。

作者注 2：使用可持续发展技术的“自然”能源与本书中提到的“可再生能源”为同一概念。最近，英语中的 renewable energy，在日本普遍被称为可再生能源，所以本书中就借用了这个常见的说法。

第二章
1995年以来“展望2050”的进展

20 年前我提出了“展望 2050”这个构想，当时科学家们围绕着它是否能有效对抗全球气候变暖展开了激烈的探讨。但是，到了 2016 年，已经有 99% 的科学家认同了它的有效性。而且，在全球气候异常现象频发的背景下，除了科学家之外，也有越来越多的普通民众逐渐认可“展望 2050”。接下来就让我们回顾这 20 年的历程，验证一下这个倡导解决全球气候变暖、节约能源与资源、发展经济三方齐头并进的“展望 2050”提案是否真的能够实现吧。

2-1 人工产品的饱和与物质循环系统

人口的饱和

“饱和”这个词是 21 世纪的基本概念。总有一天全球人口会达到饱和。虽然联合国曾预测在 21 世纪，世界人口还会持续增长，但是，人口增长的原因在于人类平均寿命延长。一个地区的人口数量由新生儿数量和人均寿命决定，目前全世界只有非洲地区的新生儿出生数量逐年增长，其他地区已经开始呈现下降趋势。

要想维持现有人口数量，那么每位女性在其一生中必须生下 2 个孩子，确切地说是终身生育 2.07 名小孩，除去非洲地区，世界上还有不少地区的终身生育数高过这个数值。在发达国家，只有非常少的国家的这个数值会超过 2，即使超过了也只是一丁点儿。墨西哥、巴西、泰国、印度尼西亚等新兴工业国家的出生率每年都在下降，在 2013 年，以上 4 个国家的终身生育数量分别是 2.19、1.80、1.40、2.34。可以这样理解，在非洲以外的地区，如果人均寿命延长到了极限，人口就要开始减少。

在世界上的大多数地区，经济发展使新生儿的数量降低。理由是，人们不再为了增加劳动力而生孩子，而且孩子的教育成本变高了，养孩子的负担增加了，另外还有科学避孕知识普及促使意外怀孕的生育数量降低等，这些都是很重要的原因。不得不说，还有一个非常值得关注的事实，那就是教育水平的提升，尤其是女性教育的普及也会造成出生率降低。

所以，非洲经济如果在今后能够顺利增长，尤其是教育能够迅速发展，那么他们的出生人数终将达到饱和甚至逐渐减少。虽说 21 世纪迎来了人口峰值，但它依然是个特殊的时代。

“展望 2050”曾经假设过 2050 年世界总人口是 93 亿，现在来看情况也差不太多。

人工产品的饱和

社会上已经堆满了无数的人工产品。人工产品堆积出了近代城市，但是人类不可以放任它们无限堆积。在发达国家，汽车和建筑物等人工产品已经饱和了。

从图 2-1 中我们可以看到，在 2015 年左右，日本的住宅和家庭数量趋于饱和。日本的家庭户数约为 5000 万，住宅总数量约为 6000 万户。1 个家庭拥有 1 户住宅完全成了可能，住宅数量甚至已经比家庭户数多出 1000 万。这些空房，一部分是有房家庭在郊区买的第二套房，供周末或度假休息用，其他性质的空房已经达到了 800 万户。在东京以外的城市里，有越来越多的房子已经没有人住了，甚至有越来越多的房子连房主是谁都查不到，空房渐渐成了一个社会问题。家庭户数 5000 万，住宅总数 6000 万，每年的需求量除以住宅的预估使用年数 50 年，差不多是 100 万到 120 万户。我查了一下最近的新造住宅动工数量，显示差不多在这个

图 2-1 住宅数量与家庭户数的变化

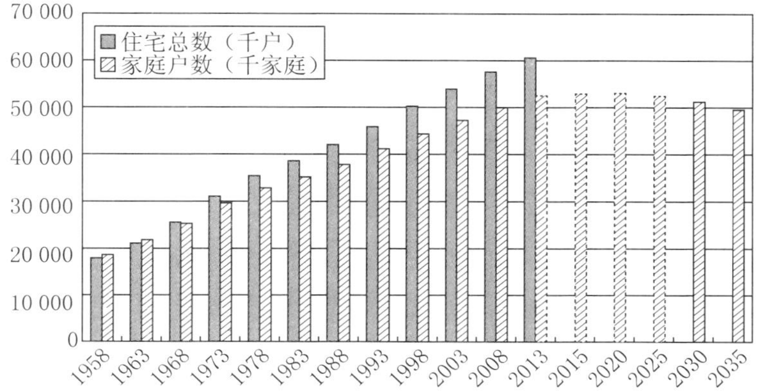

出处：1958 ～ 2013 年的数据根据《平成二十五年住宅与土地统计调查》（总务省）结果制成，2013 ～ 2030 年的数据根据《日本家庭户数的未来推测（全国推测）（2013 年 1 月推测）》（国立社会保障・人口问题研究所）的数据制成

图 2-2 日本主要耐用消费品的家庭普及率的变化

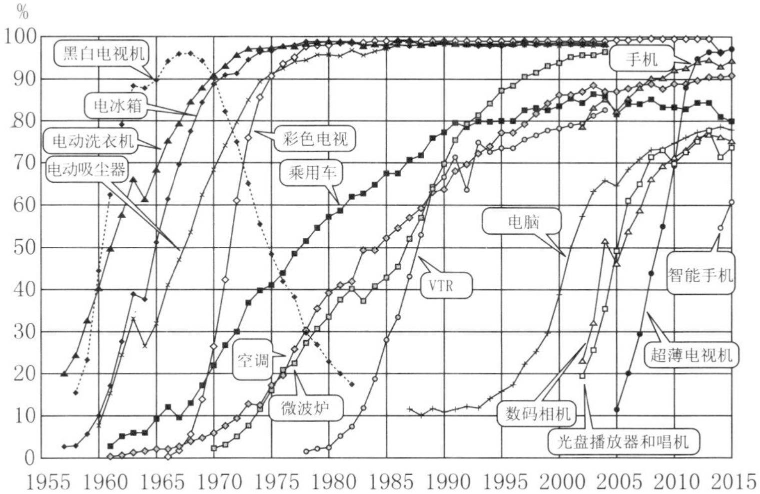

（注）调查对象是单人家庭以外的一般家庭。1963 年之前的调查对象仅限人口 5 万人。1957 年在 9 月份调查，1958 ～ 1977 年在 2 月份调查，1978 年之后在 3 月份调查。从 2005 年开始调查条目发生变化。数码相机这一项不包含 2005 年后上市的有拍照功能的手机。超薄电视被包含在彩色电视的条目里。光盘播放器和唱机包含了 DVD 盘和蓝光盘。彩色电视机从 2014 年起不再包含显像管电视机，电视机全部变成超薄电视机

（资料）内阁府《消费动向调查》

出处：《社会实情数据图录》（http://www2.ttcn.ne.jp/～honkawa/2280.html）

范围内，我才松了一口气。

可以从发展中国家的经济发展阶段来思考人工产品饱和的过程，首先是公路、桥梁、铁路等基础设施的整备，待人们稍微富裕一些，就会购买日常生活中频繁使用的电视机等其他高科技电器，再富裕一些就会高价购买汽车。在日本，大多数的人工产品已经饱和了（图 2-2），中国也正在走向日趋饱和的路上（图 2-3）。

图 2-4 表示的是各国人均持有汽车的数量。在日本，汽车总保有量是 6000 万辆，几乎每 2 个人就拥有 1 辆汽车。在美国、英国、法国、德国等发达国家也是同样，几乎每 2 个人拥有 1 辆汽车，汽车在这些国家已经饱和了。

即使饱和了还是能卖出新车，是因为已经有车的人需要淘汰旧车、购买新车。在日本，一辆汽车从出厂到报废，平均可以供人类使用 12 年，6000 万辆除以 12 年等于 500 万辆，每年日本会有 500 万辆车报废。1989 年以来，新注册的车辆数有 400 万辆到 500 万辆，报废车辆与新注册数量差不多。在这种情况下，能够向每个人卖出几辆汽车呢？100 人共持有 50 辆汽车，每年 50 辆除以 12 年约等于 4 辆，也就是说当汽车已经饱和了的时候，每 100 人会购买 4 辆汽车，人均购买 0.04 辆汽车。图 2-4 整理了各发达国家汽车的人均销量，从中可以看到中国的情况已经开始急速逼近发达国家了。如果按照日本和韩国的发展趋势来看，在今后的 5 ～ 10 年间，中国的新车销量会接近饱和。

也就是说，人工产品的饱和会带来销售数量的饱和，影响经济增长。这就是发达国家经济增长低迷的根本原因。所以，如果维持一直以来的模式，那么今后经济增长将会消失，这才是人类应该有的认识。

图 2-3 中国主要耐用消费品的家庭普及率的变化

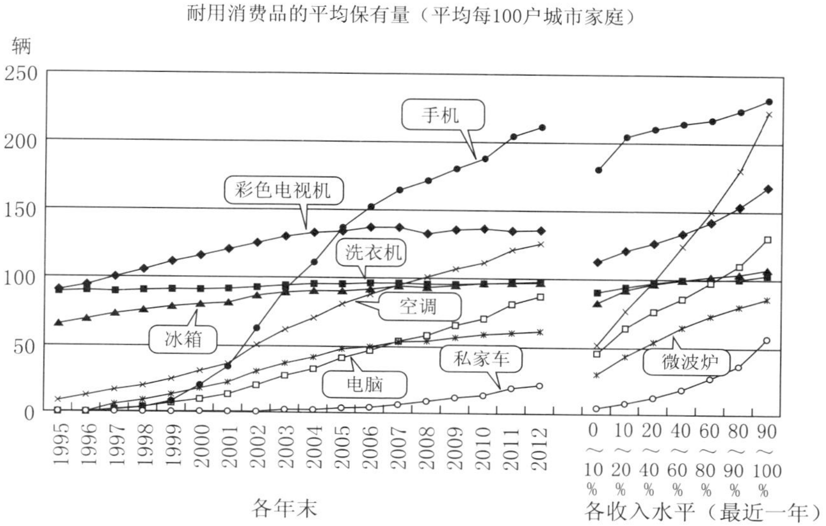

（注）抽查结果。2001 年之前不包含农村家庭，2002 年以后面向所有城市家庭。2010 年末的调查对象共计 66 000 户家庭。各收入水平按照下面的收入阶层区分。
（资料）《中国统计年鉴》
出处：《社会实情数据图录》（http://www2.ttcn.ne.jp/ ~ honkawa/8200.html）

图 2-4 人均汽车销量的逐年变化

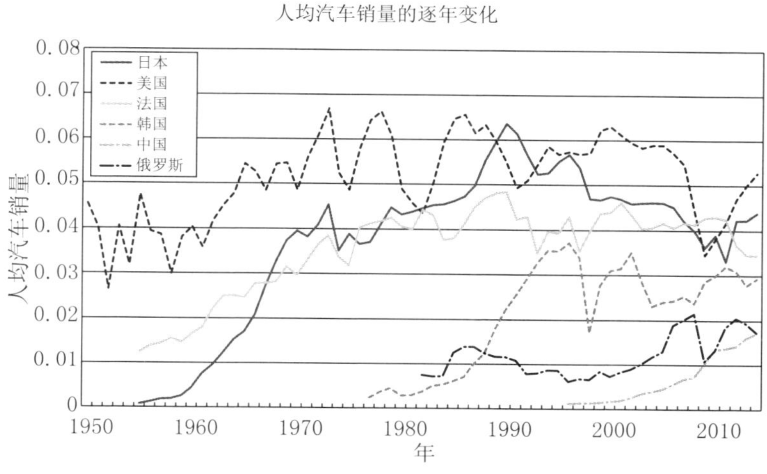

出处：基于“汽车销售数量”（《汽车年鉴》）、“人口”（联合国统计司人口统计）的资料数据制成

物质材料的饱和——混凝土

“人工产品的饱和”也指使用在人工产品上的材料达到了饱和。图 2-5 表示了各国目前人均混凝土生产量的变化情况。由于混凝土的进出口相对较少，因此生产量和在国内的投入量差不多。线下方的面积是各国混凝土的投入量。

混凝土多用于公路、港湾、水坝等建设工程中，是衡量一个国家的发展以及城市化水平的常用指标。各国在经济高度成长期会兴建大量的基础设施，混凝土投入量增加，很快就会达到顶峰。在日本，混凝土投入量自 20 世纪 60 年代起开始激增，在 1980 ～ 2000 年期间迎来峰值，之后就开始走下坡路了。

美国号称“车轮上的国家”，是典型的汽车社会，在现代文明的建设上长期占据领头羊地位。他们没有一气呵成地大举铺马路、造高速公路，

图 2-5　人均水泥产量

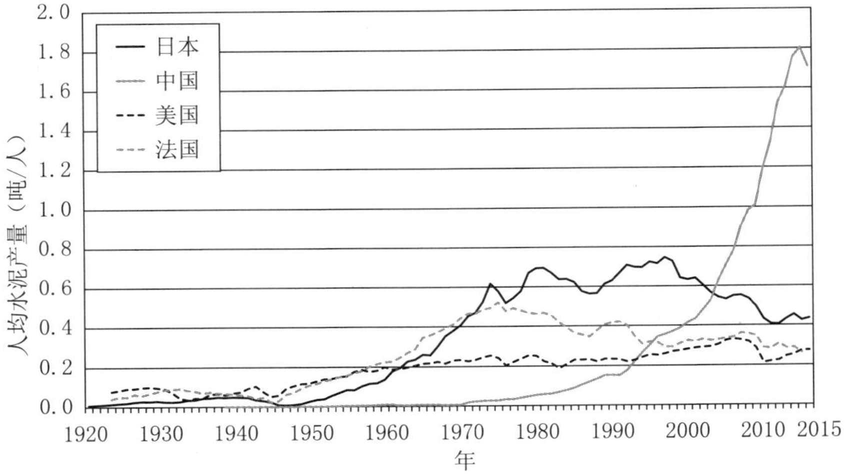

出处：基于“水泥产量”（《联合国统计年鉴》《美国地质调查》）、“人口”（联合国《2015 年世界人口展望》）的资料数据制成

而是不断试错，稳步发展。截至 2015 年，混凝土投入量人均累计已达到 17 吨左右。

另一方面，中国从 20 世纪 90 年代开始大举推进社会基础建设，混凝土投入量人均高达 22 吨。也就是说，中国的人口数量是美国的 4.5 倍，然而基础设施数量是美国的将近 6 倍。我常常看新闻说在中国，有许多建好的住宅楼根本卖不出去，所以我并不否认在中国可能已经出现了房屋过剩的问题。

物质材料的饱和——铁

在基础建设中，铁的用量仅次于混凝土，它是一种灵活性很强的材料，根据不同的使用目的，调节其内部结构，改变强度和韧性等特性，可以无限次循环利用，是一种非常优秀的材料。在日本，铁已经饱和了。为了生产新产品，需要投入约 3000 万吨铁，人工产品中含有的废铁约为 3000 万吨，二者几乎持平，在序章里我也谈到过。这些铁也可以对应图 2-2 中那些人工产品的饱和。当然，智能手机等新产品的出现对铁总量的平衡不会产生多大影响。能对铁的总量平衡产生较大影响的是大型人工产品的饱和，这种饱和出现在汽车与建筑升级进化的最终阶段。有关汽车和住宅的饱和应该无须过多解释，但是对于大型建筑的饱和，如果你试着观察世界上的大多数城市，应该就能得到直观的理解。

“展望 2050”的预测就如图 2-6 所显示的，人工产品的饱和将促使生产原料由采掘资源转变成循环利用废弃物，总产量也将渐趋饱和。图 2-7 是半个世纪以来铁生产量的变化情况。目前，中国的铁产量占全球一半以上，而且一直都是自产自销。我们做了 2-7 这张图表，让大家能够清楚看到中国以外的世界的铁生产情况。

乍一看，两张图非常相似。获得铁的手段，由最初的冶炼铁矿石逐渐转变成循环利用废品中的废铁，在 2012 年，两种方法生产的铁量五五开。这

图 2-6　原料从资源采掘到回收利用的变迁

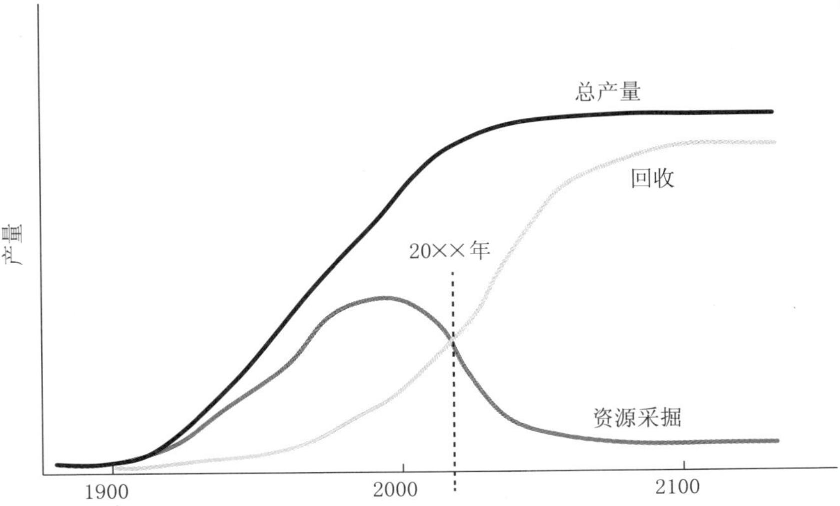

图 2-7　世界生铁、废铁、钢铁产量（不含中国）

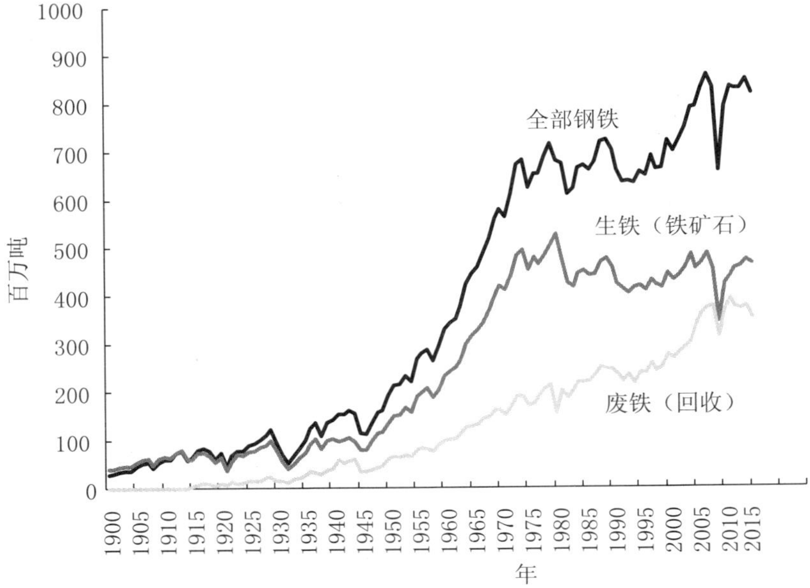

出处：基于“美国地质调查系列数据”、《钢铁统计年鉴》(国际钢铁协会）的资料数据制成

张图主要体现出了发达国家铁生产量的饱和，加之现在中国急速逼近饱和状态，不久后全世界都会达到饱和，人类将全面迈进废物循环利用的时代。

接下来我们来看一下包括中国在内的世界各国铁消耗量的变化情况。

日本的铁储备量为 14 亿吨，人口 1.25 亿，人均占有量约为 11 吨。如果我们用铁饱和时的人均消耗量来思考，或者从日本人口密度、人工产品密度来思考，那么人均消耗量的最大值就是 11 吨。

在拥有 13 亿人口的中国，人均 11 吨意味着铁饱和时的总量是 140 亿吨。截止到 2012 年中国的铁储备量是 89 亿吨。现在，年均消耗 7 亿吨，接下来再过 7 ～ 8 年就会达到 140 亿吨，而且中国的人口比例和日本差不多，铁将达到饱和状态。

接下来再看看全世界的情况。目前全世界年均铁生产量大约 14 亿吨。其中，约 10 亿吨通过高炉冶炼铁矿石获得，这 10 亿吨就是全世界的新铁储备量。其余的 4 亿吨是通过废物利用，即电炉处理废铁得到的铁。

截至目前，全球铁产量和储存量在 300 亿吨左右，遍布全球。这就是所谓的都市矿山。而且，如果在 2050 年之前，都和现在一样每年生产 10 亿吨新铁，累积起来，每年增长的铁将会达到 340 亿吨，都市矿山的总量将达到 640 亿吨。全世界铁饱和后的储备量等于人口的 93 亿乘以人均消耗 11 吨，约等于 1000 亿吨。在 2050 年将达到饱和量的 64%，这相当于日本 1990 年左右的情况。如果世界接下来都像 1990 年的日本那样发展下去，那么很有可能已经饱和了。

而且，如果含有铁的人工产品只有 30 年的使用寿命，并且每年废弃的铁占总储量的三十分之一，那么每年就会出现约 21 亿吨的废铁。废铁产量已经大幅高于新铁产量。而且，如果要说能源消耗量，要想得到同等重量的新铁，要耗费更多的铁矿石，所以对废铁的回收利用将会成为今后的趋势。到 2050 年，全世界将会达到铁消耗饱和。

既然如此，不如开发出一种有效的物质循环系统，让所有需要用到铁材质的人工产品都可以从废铁中获取原材料，让人类和采掘铁矿石的旧时代说再见。

从采掘天然资源到活用都市矿山的转变不仅适用于铁，混凝土、陶器、铝、稀有金属等都可以通过这种物质循环系统实现有效再利用。

这套物质循环系统在树木和纸等生物资源上基本适用，但是正确的循环方式是，如果伐掉一棵树，就必须再种一棵树，多次循环利用实现价值，树燃烧时也能转化成可使用的能源。虽然这套系统也适用于塑料，但是到 2050 年很有可能会有相当一部分的塑料由木材等生物资源制成。

根据物质的不同，循环方式可能在细节上会有微小的差异，但是人类应当以此为目标，建成全面物质循环系统。

希望人类能建成循环型社会

如果你站在经济效益的角度来看人工产品的饱和，一定会认为这对人类发展不利，但是如果你站在资源能源可持续发展的角度上看这个问题，可以发现它给人类带来了希望。人们为了资源枯竭而发愁，却不必担心非生物资源会有耗竭的那一天。真正值得人类担心的是生物资源和能源资源，我们会在后面谈到它们，只要人类沿着“展望 2050”的指导方向，向着白金社会不断前进，就不会有太大问题。

以上就是在 1995 年出版的《地球可持续技术》一书中，预测人工产品饱和度的内容。简单地说就是到目前为止，发达国家基本上已经达到饱和状态。在当年，中国还是发展中国家，然而中国现在已经经历了经济的飞速发展，也正在接近饱和或者很有可能已经过度饱和了。2050 年将会是全球范围内人工产品达到饱和的一年，在 2050 年之前，人类要做的就是建立起循环型社会的技术、制度和经济发展模式。

2-2 节约能源与可再生能源

节能完成了进一步的进化

1995 年以来世界能源消耗量增加了大约 50%。但是，就像图 2-8 中展示的那样，单位 GDP 的耗能降低了 30%。影响单位 GDP 耗能的有产业结构的变化和技术水平两大因素。具体来说，如果制造业规模缩减，服务业增加，那么单位 GDP 耗能就会减少，而且节能技术水平的提高也会使其减少。图 2-8 中的节能效果就是包含了二者的影响。实际上，比较 1995 年和 2015 年，GDP 增加了 78%，耗能增长了 50%，前者明显要高得多。

节能技术水平也有显著提升。从图 2-9 中我们可以看到，自 2000 年以来的 12 年里，高耗能产业的耗能量减少了 15%。

占据世界耗能 21% 的是汽车产业，科技尖端产品节能环保车的节能效率有了显著提高。随着丰田汽车混合动力汽车正式投产，日本的汽车产业登上了世界头条。图 2-10 表示全球市面上新车的能耗情况，自 2000 年以来经过了 12 年，改善后降低了 20%。

综上所述，人类应当设立一个目标，在 2050 年到来之前，要把能源效率提高到 1990 年的水平的 3 倍。

图 2-8　世界节能指标

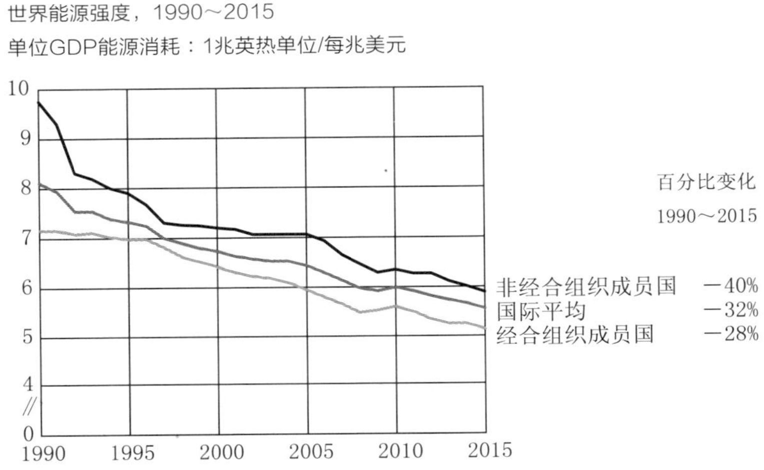

出处：美国能源信息署

图 2-9　产业与能耗

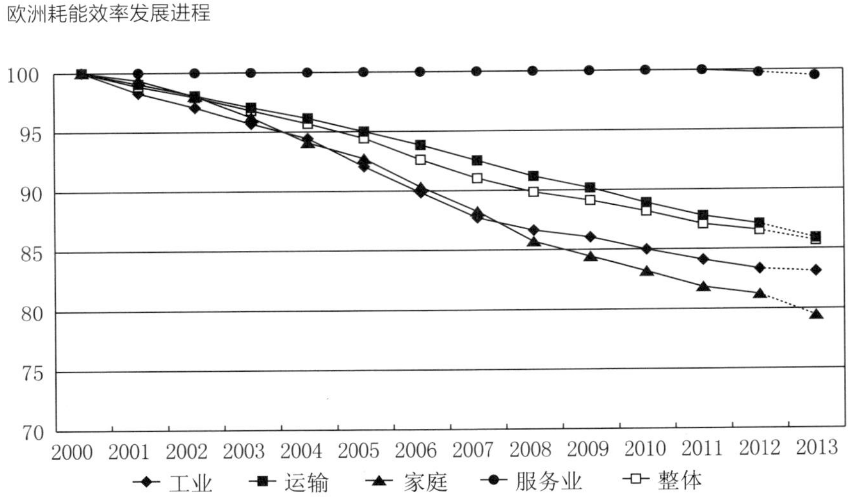

出处：欧洲能源效率资料库

图 2-10　全球汽车市场的新车耗能情况

乘用车（新车）的燃油费对比

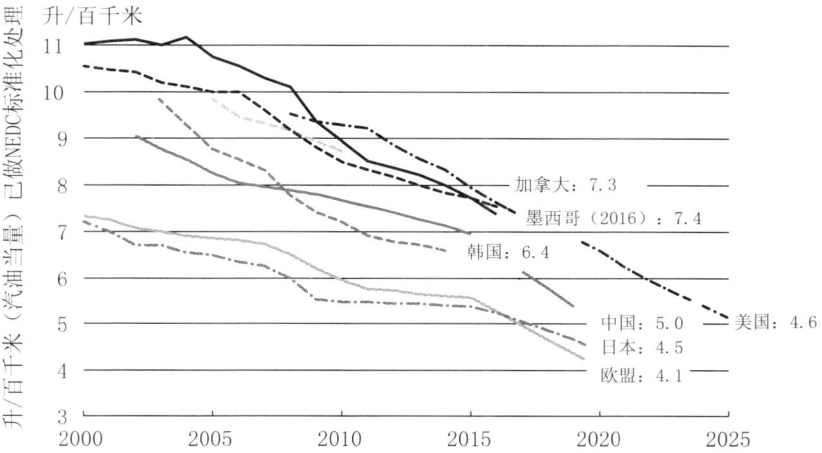

乘用车行驶燃油费对比

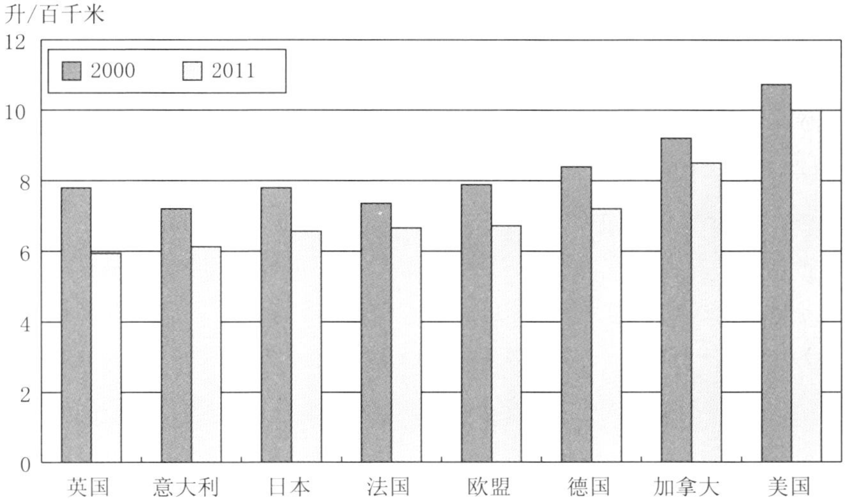

出处：法国环境与能源管理署

可再生能源是电源投资的核心

图 2-11 表示了 1995 年以来各种类型的能源发电量的变化。图 2-12 表示了从“展望 2050”提出的那一年，也就是自 1995 年至 2015 年这 10 年里，各类型能源供给量在整体耗能中所占百分比的变化。煤炭、天然气加上石油，所占的比重依然很大，三者加起来占到了总量的 65%，值得关注的是，其余 35% 的部分发生了很大的变化。第一，水力占比提高至原先的 1.6 倍。水力以外的可再生能源占比只有 1.4%，近乎零，以风力和太阳能为中心的能源大幅增长至 6.4%。这种增长是符合市场规律的，可再生能源已经具备了良好的价格竞争力。核能在 2006 年达到发电量峰值后开始有了些许减少。

我们来看能源整体的情况，化石能源占比 76.5%。水力、风力、太阳能、地热、生物质等所有可再生能源的量扩大至 1.6 倍，在能源整体中的比率也增加至 18.8%。其中，核能从 1995 年的 6.3% 减少至 2015 年的 4.8%。

结果就是，非化石能源占比相当于可再生能源加核能，也就是 23.5%。

由于成本较低，可再生能源得以被不断投入使用。造成它成本低的原因是技术水平提高、市场规模扩大，主要还是技术水平的螺旋式上升。如图 2-13、图 2-14 所示，自 1980 年以来，风力能源价格降低至二十分之一，太阳能发电的价格降至二百分之一，简直是令人难以置信的“跳水”降价。自 1995 年以来的 20 年里，它们的价格分别跌至四分之一和二十分之一。这正反映出，能源投资的重心已经落在了可再生能源。

我们常年以来一直都在主张“就应该出现这样的成本下跌”。但是，包括能源相关专家在内的众多日本民众都不相信这一点。结果就是，别的国家早早就导入可再生能源，日本却已经落后了一大步。比如在风力能源上日本就落后了太多。早在 1974 年，日本政府就推出了一个叫作“阳光

图 2-11　1995 年以后各种能源发电量的变化情况

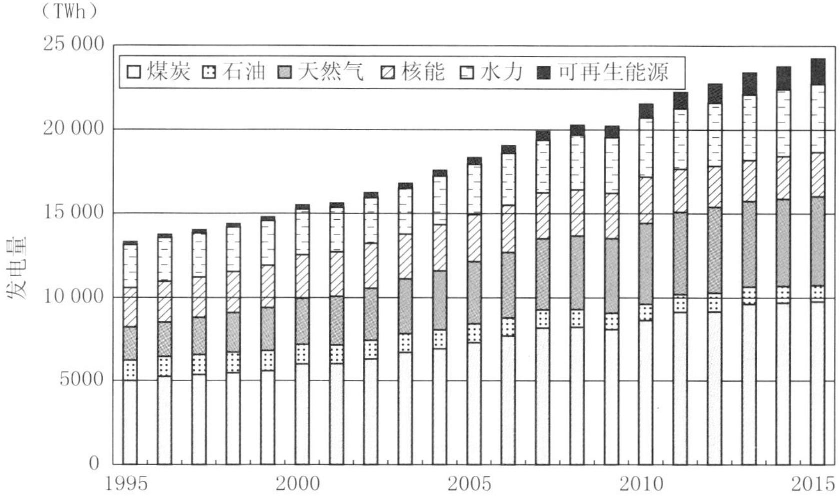

出处：基于国际能源署《世界能源平衡报告》的资料数据制成

图 2-12　一次能源供给总量的详细内容

	单位	煤炭	石油	天然气	核能	水力	木材	新型可再生能源	总计
1995	%	22.8	34.9	18.7	6.3	6.9	9.6	0.8	100
	Mtoe	2205	3372	1807	608	663	931	74	9660
2000	%	22.2	34.7	19.6	6.4	6.7	9.3	1.1	100
	Mtoe	2340	3660	2067	675	703	978	117	10 540
2005	%	24.5	33.3	19.5	6.0	6.5	8.1	2.1	100
	Mtoe	2947	4007	2352	721	786	978	249	12 041
2010	%	26.0	30.7	20.3	5.3	6.8	7.3	3.6	100
	Mtoe	3502	4131	2736	718	920	978	483	13 469
2015	%	26.9	29.3	20.3	4.8	7.2	6.7	4.9	100
	Mtoe	3940	4286	2981	699	1053	978	715	14 651

注：新型可再生能源指风力、太阳能电池、地热能等
出处：基于国际能源署《世界能源平衡报告》的资料数据制成，2015 年的数据根据《世界能源展望 2015》推算而来

图 2-13　美国风力发电成本的降低情况

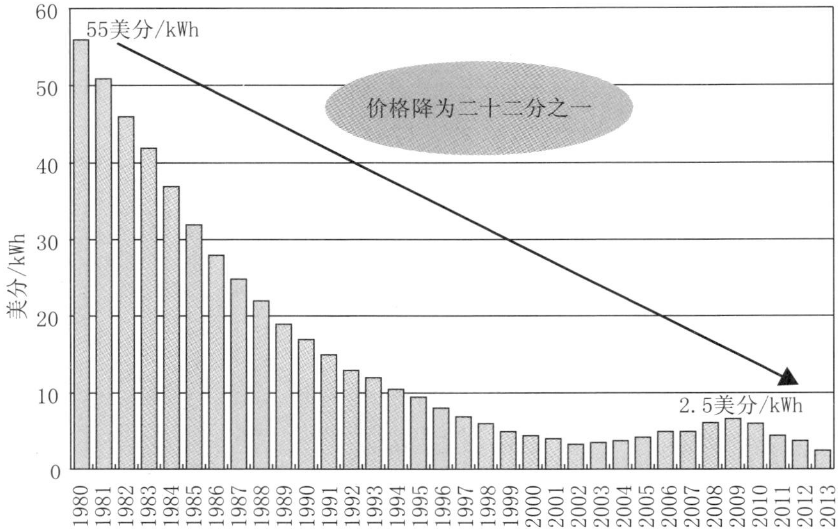

出处：基于美国白宫的资料数据制成

图 2-14　太阳能发电成本的降低情况

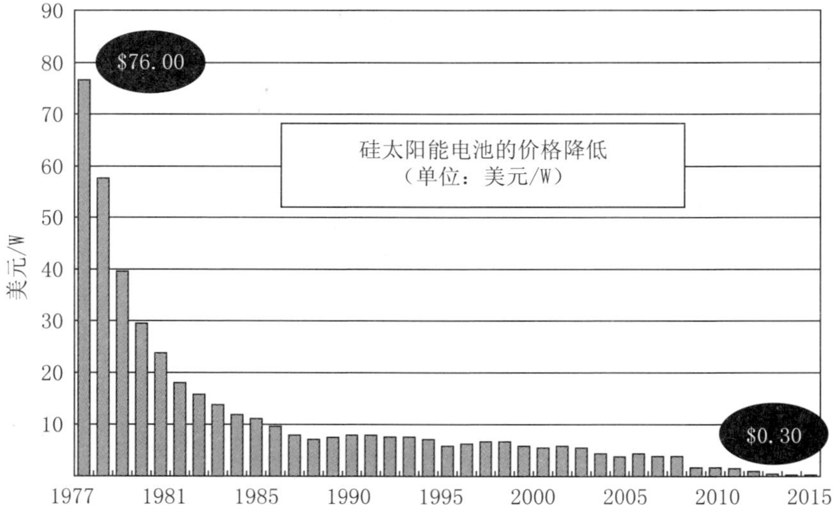

出处：彭博新能源财经 Bloomberg New Energy Finance & pv.energytrend.com

计划”的国家计划，一度使日本走在了世界前列，技术上也明显领先于世界。但是在向社会导入的这一环节开始落后，不过之后通过导入固定价格购买制度，日本开始逐渐把落后的时间抢回来。

核能与可再生能源并列，核能发电不会产生二氧化碳，然而它的消耗量也没有大幅增加。现在的发电量只比 1995 年的水平高出了 15% 而已。《地球可持续技术》中提到，出于安全性考虑，从 20 世纪后半叶到 21 世纪前半叶，有必要把核能占总体的比重控制在 5% 以内，必须要先经过这个过渡期。实际上，核能没有增长的原因是，为了提高安全性，不得不提高设备的成本，导致核能在经济方面失去了优势。在大部分可再生能源价格大幅下降的环境下，很难拉升核能的价格竞争力。“展望 2050”给它摆的位置是正确的，核能只是过渡期的能源。

但是，一些围绕着能源的讨论指出日本面临的困难就是如何解决核能问题。前期通过设备投资建成了原子炉，也有了许多直接和间接涉及核能发电的人力资源，可以说准备齐全。太阳带给地球的能源是人类目前需要的一万倍，要想低成本地使用这些能源，靠的就是可再生能源的技术，这种技术已经有了经济竞争力，因此，可以说人类的未来由可再生能源决定。日本应该早点跳出核能的困境，加快发展节能和利用可再生能源。

我当年写“展望 2050”时，并没有预料到风力、太阳能发电的普及速度会有这么快。还有一处关于水力发电的预测，当时我误以为大型水坝建设已经到上限了，但是其实还有开发的余地，事实证明实际开发的是预测的将近 2 倍。

“展望 2050”中提到何谓可再生能源倍增，简单地说就是，木头和牛粪等旧有的生物质占比 10%，水力、风力、太阳能等可再生能源占比 5%，核能 5%，加起来是 20%，让它翻一倍变成 40%。虽然目前还没实现这个目标，但是单纯的可再生能源已经从 5% 增加至 12% 以上。到 2050 年，世界上超过一半的能源应该都是可再生能源。

2-3 “展望2050”前景明朗

“擅长解决课题的发达国家”日本的产业结构与能源

接下来我们来说一下日本在世界上起到的作用。图 2-15 是前面在图序-3 中出现过的日本从 1965 年到 2015 年的人均 GDP、耗能、耗电量的变化等情况，在这张图中各项指数在 1973 年都是 1。

在 1973 年之前，GDP、耗能、耗电量三条线几乎重合，一路走高。这段时间是以工业，尤其是重化工业为中心的经济高度增长的时代。在 1973 年爆发了第一次能源危机，石油价格一口气暴增了 10 倍甚至 20 倍，直接打击了一直以来依赖于低价石油的世界经济，尤其对日本工业造成了重创。但是在这个时候，日本当时的中心产业钢铁、化学、制陶、制纸行业开始采取节能措施，化危机为良机。换句话说，在不断打造世界第一制造业的同时，能源消耗被控制住了，经济也得到了增长。

顺便说一句，1973 年日本的 GDP 约为 200 兆日元，12 年后增加至 330 兆日元，但是其中的能源消耗完全没有增加。

之后，经济增长的核心开始由第二产业转向第三产业。以达到相同的

GDP 为目标，第三产业的能源消耗量最终只有第二产业的三分之一。结果就是，经济在持续增长，而能源消耗量也比 1973 年以前的情况要低。这就是我在 1995 年策划“展望 2050”时的时代背景。

2000 年至 2005 年间，耗能量达到顶峰，2005 年开始逐渐减少。受益于人工产品的饱和和节能措施，不久后就出现了耗能减少的情况，这和“展望 2050”中预测的一样。最近，经济增长幅度有所放缓，但是仍在前进。比较一下 2003 年和 2015 年的情况，GDP 年均增长 0.65%，耗能年均减少 1.6%。

图 2-15　GDP、能源消耗、电力消耗的变化情况

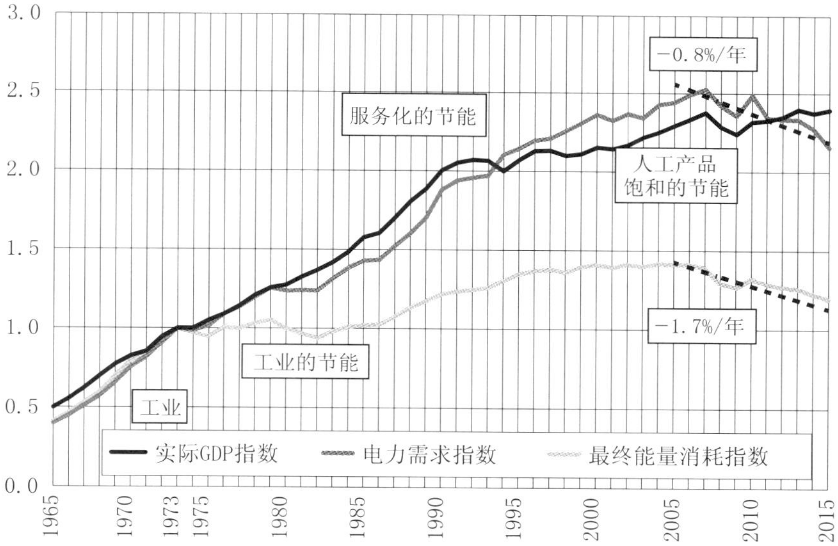

出处：作者在参考各种资料后制成。实际 GDP（内阁府《国民经济计算》）、电力需求以及最终能量消耗（资源能源厅《综合能源统计》）是以 1973 年度 =1 来计算出的指数。2015 年的电力需求是以电气事业联合会发表的 2015 年度发受电量为基础推算的，推算出了商业用电、自家消耗、线路损失，还计入了自家发电（从过去 10 年间的自家发电量的趋势推算）。最终能量消耗使用了《综合能源统计》的数据

电力的变化情况和其他能源不太一样。服务行业与工厂不同，它的耗能场所是办公室，消耗的是电力。电力能耗占比逐渐增加，目前全部的能

源消耗中有 43% 都是电力消耗。由于办公室面积不断扩大，电力消耗也会不断增加，但是终于也要开始迎来峰值了。接下来，办公建筑要和住宅建筑一起走上节能的道路。因此，2005 年前，电力耗能和 GDP 两条线几乎重合，但是前者在 2006 年和 2007 年达到了峰值后，随即开始降低。

在现在的日本，工厂、汽车、家用住宅、办公建筑楼等人工产品正在接近饱和，在翻新时要注意提高能效。而今，经济增长了，耗能也在减少，日本已经进入了这样一个时代。

要想让全世界的人都过上富足的生活，就必须发展经济，但是必须要减少使用那些排放二氧化碳的能源。如何达成这一目标？日本在解决这个课题上已经走在了世界的前列。

总体来看，截至目前，致力于解决课题的日本的确走在了一条朝向“展望 2050”的道路上。但是，受困于核能问题，现在的能源政策始终找不到一个确定的焦点。日本应当尽早摆脱核能带来的困扰，用目前已达到的能源利用率来引领世界持续改革。

日本的确已经在引领世界了

图 2-16 是 2016 年国际能源署发表的对中国 GDP 与耗能情况的统计与今后的预测。和图 2-15 比较着看一下，中国今后应该前进的方向完全就是日本已经走过的那条路。

到目前为止，中国的 GDP 和耗能量增长轨迹几乎一致。这也是日本在 1973 年之前以重化工业为中心的增长形态。从这时起到 2040 年，预测 GDP 将会增长至 3 倍，但是耗能量只增长 30%。日本的 GDP 从 1973 年至今增长至 2.5 倍，但是耗能只增长了 24%。中国在 40 年前就该和日本做同样的措施。但是，现在说这些也无济于事。接下来日本会为了经济持续增长和耗能减少而努力，中国也应当吸取日本的经验，一同努力，设立目标，减少更多耗能。

无论如何，日本在经济增长和能源节约方面两不误，为全世界提供了优秀的范本。

图 2-16 中国的 GDP 与能源消耗（国际能源署的预测）

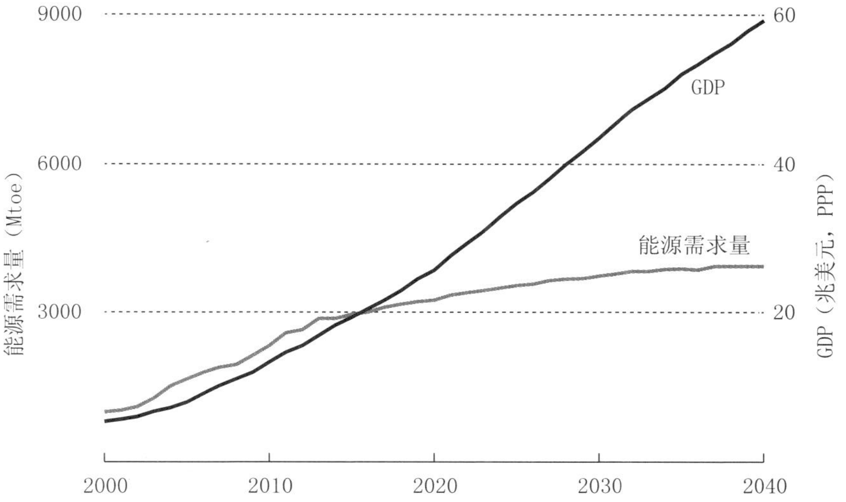

出处：国际能源署《世界能源展望 2015》

世界正在向着“展望 2050”前进

查一查全世界从 1995 年至今的情况，可以说是正在向着“展望 2050”提出的愿景前进，但是我在当时执笔时也有许多点并没有预测到。比如说，曾经世界最大的耗能国又是最大的能源进口国的美国在“页岩气革命”之后成了能源出口国。由于可以轻易地获取丰富的页岩气，美国的天然气价格下降了。可再生能源的普及与扩大，以及倡导降低依赖煤炭火力发电规则的不断强化，导致许多发电站已经被废弃或将被废弃，几乎所有的煤炭发电计划都会被中止。散落在全美国的大约 500 家发电公司当中，有 180 家已经倒闭了。

其结果就是，美国的二氧化碳排放量降低了。相比于 2005 年，2015 年的排放量降低了 12%。最近，经济增长了 15%，美国与日本一样，同时实现了经济增长与二氧化碳减排。在 20 年前怎么可能预测到这种事呢，但是从“展望 2050”的立场来看，这个发展方向很受欢迎。

另外，中国经济的发展速度也大大超过了我的预想。如果以 1995 年原定的发展路线来考虑的话，可以推测出中国国内人工产品饱和的时间要比现在再晚一些，但是混凝土的投入量会让人感到已经饱和了。中国这个国家太大了，没办法用一个共同的标准来衡量它。可能在沿海地区和大城市，人工产品已经饱和，但是山区和普通城市要想达到饱和还需要一段时间。

“人工产品的饱和”这个概念首次出现就是在“展望 2050”的提案中。近年来，以欧洲为中心开始倡导循环经济（circular economy）。但是，循环经济是把循环过程和人工产品饱和的概念组合起来的词，没有体现出资源采掘，在构成方面上远远不及倡导大幅削减能源消耗的“展望 2050”理论。而且，在 2000 年日本通过了《循环型社会形成推进基本法》，减量化 (reduce)、再使用 (reuse) 和再循环 (recycle)，统称“3R”，成为国家的方针。再循环中包含了物品再利用与能源燃烧利用，给原材料再循环与热循环赋予了同样的价值和地位。“3R”是值得向全世界宣传的基本思考原则。

由此看来，循环型经济主要是由日本倡导的，尤其是“展望 2050”提到的人工产品饱和后的完全循环型社会，以及随之出现的节能社会的概念，在当今时代都应该成为引领全世界前进的方向。

要把 1995 年的能源效率提高 3 倍，放在现在来说都是适用的。用技术能够填补多少耗能的理想状态与现状的差距，可以用耗能量较大的方面来预测，把预测值加权平均后得到的结果就是 3 倍。截至目前，关于事实 4[①] 和事实 10[②] 等的提案已经出现了，但是它们的理论依据依然很薄弱。只有在合理分析的基础上得到的数值才有较高的合理性。一方面，有必要来修正一下可再生能源翻倍的目标。到 2050 年的目标应该是可再生能源占据能源整体的二分之一。

在《巴黎协定》中有两个最重要的课题，第一是节约能源，第二是可再生能源。在“展望 2050”中有关二氧化碳的部分，应当得到全世界的共识。在 1995 年有很多事情和现象都是预测不到的，但是它的基本结构就是“人工产品的饱和与循环社会”“节约能源”“可再生能源”这三个行为指南，在不远的将来，人类应该会对它们有新的认知。

① 事实 4，1992 年提出的概念。每个产品、每项服务中必要的资源或能源要降低至四分之一，资源的生产率（单位资源投入量得到的经济、服务的生产量）要提高至 4 倍，富裕程度翻倍，对自然资源的浪费等环境负荷量要降低一半。（原书编辑部注）

② 事实 10，1991 年提出的概念。为了建成可持续发展社会，在今后的 50 年里资源消耗量要控制在现有水平的一半，并且，占据世界人口 20% 的发达国家的生产率（单位资源投入量得到的经济、服务的生产量）要提高至 10 倍。（原书编辑部注）

第三章
支撑低碳社会的技术（使用能源）

在环保制度相继出台以及石油危机的背景下，日本的节能技术得到了磨炼。日本已经生产出了许多世界顶级的节能产品，许多人说，很难在这个基础上进一步提高节能效率了。但是，这些产品几乎没有一个是做到极致的。

我们可以在理论上得出能源效率的目标值，设定合适的目标有助于产品革新。革新技术一方面可以促进低碳社会早日实现，同时也会成为新成长战略的切入口。如何提高效率，如何实现单位能源投入量的价值最大化？挑战才刚刚开始。

3-1 提高能源利用效率的方向在哪

"日常生活"与"制造业"

低碳社会的目标就是减少能源消耗过程中的二氧化碳排放量，千万不要曲解成要人们节衣缩食的意思。从序章中的图 序-3 里我们可以看到，在日本历史上出现过两次"脱钩"。经济增长、生活富裕、低碳环保，三者应当是共存的概念。

二氧化碳的排放量大致源于"日常生活"中的排放和"制造业"的排放。日常生活的三要素是"交通运输""办公""家庭"。制造业的话就是"工业"了。

我们来看各个领域的情况。在交通运输方面，汽车公司会针对燃料费用上升做出改善，还会研发环保型汽车，所以，即使政府不做干涉，它也会向着低碳化发展。丰田汽车公司计划在 2050 年销售的新车的二氧化碳排放量是现在的十分之一。而且，共享汽车（car-sharing）等新型服务形态出现，符合都市年轻人不购买汽车的生活方式。

办公与家庭的耗能倾向类似，照明灯一类的家电产品、空调、热水器和厨房各占据三分之一。减少耗能的方法有，更换成更高能效的产品或安装隔热性能好的双层窗户。类似的设备更新在翻新房屋的时候来做最好，但是家用住宅大约每隔 40 到 50 年才会翻新一次，办公大楼要每隔好几十年才翻新一次，所以为了在 2050 年达到展望中的水平，有必要把现有房屋进行合理改建。为了达到这个目的，有必要设立一个在后面说到的制度“交电费”。对于用户来说，初期投资金额很大，这就是在改建时犹豫不前的最大原因。推进低碳化基金之类的组织或团体能够站出来帮助用户承担初期投资，通过用户的设备更新减少电费，减少的这部分电费可以返还给这些组织或团体，这样一来房屋改建就变得容易推行了。

另一方面，制造业的能耗一多半都用在了素材的制造上。在工业界，耗能最多的就是钢铁行业，紧随其后的是化学和陶器土石行业（混凝土）。在考虑制造业低碳化时不要忘记铁和混凝土等人工产品已经饱和的事实。

无论是汽车还是建筑物，几乎所有的人工产品都被投入在城市中，在城市里堆积，迟早会充足的。接下来要想在东京继续盖新的大楼，就不得不先拆除现有的大楼。也就是说，投入新的人工产品时必须要毁掉现有的人工产品。从现有的人工产品上得到可用的材料，循环利用，比起开采新的自然资源进行加工要省下不少能源。把城市中的废弃物变为新的人造资源，这就叫都市矿山。智能手机中的稀有金属也是一份不小的资源。制造业如果能够在人工产品饱和的背景下合理利用都市矿山，那么就很有可能建造出高效率的物质循环系统。

就像这样，各个领域都能控制能源消耗，做到节省能源，并且加大利用可再生能源，这是实现低碳社会的两根基柱。

IEA 预测在 2030 年可再生能源和煤炭将并列成为电源发电量的首要来源，在 2040 年之前电源投资的六成将会变成可再生能源。目前，可再生能源的价格竞争力已经可以和煤炭抗衡了，所以也许现实会比 IEA 预测的结果更早实现。

本章将会从以上的观点来思考支撑低碳化社会的技术。

3-2 交通运输部门的低碳技术

运输零能耗？

要想让汽车跑起来就必须要提供汽油或电力。在蹬自行车的时候腿上要使出相应的力。人们通常认为要想让什么东西动起来就必须消耗一定的能量，但是这并不正确。

理论上，水平移动的能源消耗无限接近于零。

请想象一下冰上速滑。冰上速滑选手在滑出去之前，要用脚在地上奋力一蹬。要想产生动能就必须要蹬这一下，后蹬的时候需要很多能量。但是，达到一定的速度后，理论上就不再需要能量了。当他们冲过终点线之后，不必再蹬地，但是依然在滑道上流畅滑行。

不久后教练会抱住冰上速滑选手帮助他停下来，或者选手自己撞到场边软墙上停下来。这个时候，动能转化成热能释放在空气中。失去的能量和选手在起跑发力时使用的能量相同，一旦停止能量就会储存起来，如果一直不停，那么就会持续地运动下去。

混合动力汽车（Hybrid Vehicle，简称 HV）搭载的再生制动就是应用了这个原理。刹车减速时放出的能量储存在电池中，再次启动或加速时将使用这些能量。

不仅是水平运动，从理论上来说，垂直运动时的能源消耗也近乎零。我们找到一根绳子，绳子一端绑上升降梯，在绳子上安装滑轮，在绳子另一端挂上和升降梯同等重量的砝码。在滑轮上安装性能优良的轴承，如果没有摩擦力，要想让升降梯上下活动，几乎不需要额外消耗能量。

也就是说，在运动中消耗的能量，主要都是由摩擦引起的。一块光滑的冰块，它表面的摩擦力小到可以忽略不计，所以当它达到一定速度时可以依靠惯性持续滑行。又比如宇宙空间中的摩擦力几乎为零，所以人造卫星能够持续飞行，地球也可以绕着太阳持续公转。但是，在人类的实际生活中，摩擦力无处不在。如果不持续蹬自行车，那么自行车终将会在某一时刻停下来，冰上速滑选手也不会永远不借助外力而持续在冰面上滑下去。

要怎样才能降低摩擦带来的能量损失呢？找到了这个问题的答案，就找到了运输中提高能源利用率的钥匙。

能耗表现优秀的汽车陆续登场

说到汽车能耗效率，现在日本国内市场上数量最多的就是汽油动力车了。

汽油动力车依靠燃烧气缸内的燃料产生动能，驱动发动机气缸内的活塞做往复运动，由此带动连在活塞上的连杆和与连杆相连的曲柄，围绕曲轴中心做往复的圆周运动，从而输出动力。总的来说就是汽油的化学能转化成推动活塞运动的动能，汽车在此基础上得以移动。

汽油的化学能可以转化成动力和热量。根据能量守恒定律，化学能的100%都可以转化成热能与动能。但是，如果真的能像理论上说的那样简单就太完美了，实际上只有35%转化成了动能，其余65%都转化成了热能，非常浪费。汽车尾气和发动机放热，轮胎与地面的摩擦，齿轮和变速器等汽车内部零部件的摩擦，很多地方都把热能浪费掉了。

尤其是，启动和加速的时候需要大量的动能，这时会产生很大的摩擦生热，相当一部分热能都释放在了空气中。在汽车行驶达到一定速度后，理论上来说匀速运动不消耗能量，但实际上轮胎与地面的摩擦也会消耗一部分能量。高速行驶时还会受到空气阻力，减速或停车时踩刹车也会产生摩擦，等红绿灯时不熄灭发动机的话也会消耗能量。只要机器在运转，就会消耗能量。

以下五条改善措施是汽车节约能耗的指南：

① 克服化学能无法 100% 转化为动能的问题；

② 克服发动机将动能传达到轮胎时齿轮之间的摩擦问题；

③ 克服轮胎与地面之间的摩擦问题；

④ 克服车体与空气之间的摩擦问题；

⑤ 克服刹车时产生的摩擦问题。

提高能源利用率的具体措施之一就是混合动力化。

在我提出“展望 2050”的时候正值 20 世纪 90 年代后期，当时丰田汽车公司研发的混合动力汽车“普锐斯（PRIUS）”在社会上引起了热议。普锐斯于 1997 年问世，也是在这一年，联合国气候变化框架公约第 3 次缔约方大会 (COP3）于京都召开。初代模型车的燃耗达到平均每升汽油 28 千米（10-15mode）。当时，同等价位别的汽车的耗能水平只有每升汽油 20 千米以下，普锐斯以它出众的能耗功能获得广泛关注。

混合动力汽车在汽油驱动车上搭载了电气驱动发动机，在启动和低速行驶时切换为电气驱动，减速时回收再生能量并蓄电，能源利用非常优秀。在路口等红灯时，在慢速行驶中，燃油发动机都会暂停运转。也就是说，在一定程度上已经解决了上面所说的汽油转化成动能与刹车时产生摩擦的问题。

一般来说，混合动力汽车比较适合车流密度相对较高的城市，因为经过红绿灯路口的频率更高，启动和刹车的操作较多，最好使用可再生能源和电气驱动。如果是长距离行驶，那么很少会使用到电气驱动，HV 的优势将不再明显，因为耗油水平和普通汽油车比也差不了多少。

插电式混合动力车（Plug-in Hybrid Vehicle，简称 PHV）比起混合动力车 HV 来说需要更大的蓄电池，它不仅可以消耗可再生能源，还可以从外部充电桩进行充电，因此，电动汽车（Electric Vehicle，简称 EV）完全可以行驶数十公里都不需要使用汽油。

汽车能源利用率提高 8 倍

今后，汽车的能源利用率能提高到怎样的水平呢？在不久之前市面上基本上只有汽油车和柴油车两种选择，但是如今我们可以看到各种各样的汽车。不需要发动机而是仅仅依靠电动机的电动汽车登场，轻型汽车和小型汽车的市场份额越来越大，最近电动轿车和电动跑车也登场了，市场变得越来越多样化。

另外，燃料电池车（Fuel Cell Vehicle，简称 FCV）也上市了。燃料电池车搭载的是燃料电池（FC）堆栈而不是发动机。燃料电池的结构最早在 19 世纪早期被发现，历史悠久。人们一度苦于找不到方法确保汽车安全携带常温氢气，但是随着由碳素纤维强化塑料 (Carbon Fiber Reinforced Plastic）制成的可承受 70 兆帕的高压氢气储罐投入使用，这个课题得到有效解决。燃料电池车的工作原理是通过氢气与空气中的氧气发生化学反应产生电能来行驶。和电动汽车相同，燃料电池车在行驶中几乎不排放二氧化碳，但是相较于电动汽车，燃料电池车的动力更强，行驶性能更优秀，续航距离也更长。

图 3-1 是汽车市场分析模型，纵轴代表燃料消耗量，横轴代表车体重量。有一点需要各位留意，在日本说到燃耗通常指的是消耗每升燃料可行驶的平均距离，但是在这个图当中，欧美常用的说法是行驶每千米所消耗的燃料量。换句话说，和同等重量的汽车相比较时，纵轴是每单位距离的燃料消耗量，纵轴的值越大意味着燃耗性能越差。

在其他条件恒定的情况下，燃料消耗量和车体重量成正相关。因此，各模型的数据大致都构思在一条直线上，即车体重量越轻，燃料消耗量就越小。单纯从理论上来看，如果车体重量为零，那么不需要消耗燃料也可以行驶。

抛开理论不谈，在实际生活中，人类能将燃料控制到何种程度，每升汽油能够让汽车行驶多远的距离呢？围绕这个主题，世界各地都在进行节能比赛，在数年前诞生了一项吉尼斯世界纪录，一辆汽车依靠一升汽油行驶了 5000 多千米。当时这辆车的重量仅有 25 千克，加上驾驶员体重 45 千克，总重 70 千克。

市售的汽车必须兼顾安全性与舒适性，所以很难做到进一步轻量化，考虑到改善效率，只有减轻车体重量。要想做到车体轻量化，一个是车体小型化，再一个就是材料轻型化。使用在超级跑车和高级轿车上的铝、碳素纤维强化塑料以及铁合金的高张力钢板，既保证了车身强度，又减轻了车身重量，是非常优良的车体材料。

让我们回过头来看一下图 3-1。比较一下 2016 年和 1999 年汽车的燃料消耗情况，同等重量的汽车，2016 年的消耗量比 1999 年减少了 33%。这就是这 17 年间驱动技术进步带来的节能成果。而且，由于汽车轻量化，同等大小的汽车，重量也减轻了不少，同车型的汽车燃料消耗量减少了大约 40%。

混合动力车的燃料消耗量还不到 1990 年汽油动力车的一半，电动汽车和燃料电池车的燃料消耗量只有混合动力车的一半左右。可以说，混合动力车将能源利用率提升了 2 倍，电动汽车和燃料电池车则提升了 4 倍。

照片 3-1　丰田油电混合动力车“普锐斯 PRIUS”

照片 3-2　丰田氢燃料电池车“MIRAI”

照片 3-3　本田氢燃料电池车“CLARITY”

今后，通过技术革新，车身重量还会更轻。如果车身重量能够减轻一半，那么能源利用率就能翻倍，这样一来，电动汽车和燃料电池车的能源利用率就很有可能提高 8 倍。

在讨论能量时，一定要留意电气和氢气带来的影响。电气的计算基于

图 3-1　知识的结构化：汽车的能源利用率变成 2×4=8 倍

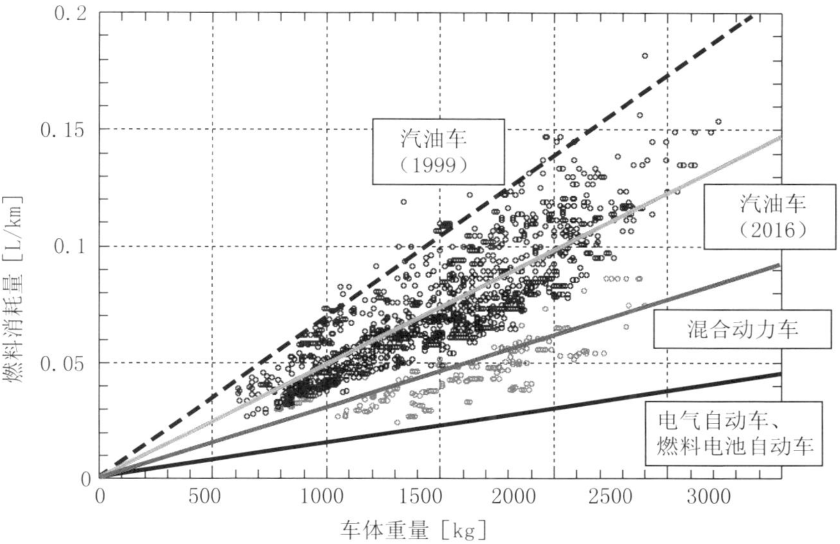

出处：根据 carview！（日本最大的汽车信息网站）的数据制成

日本标准电源结构，氢气的计算也是基于标准电源结构，最好在这里补充一句：计算时以电解水的值为基础。

多样的环保节能车带来丰富的用车体验

到目前为止普锐斯已经完成了 3 次全面的型号变更，每次丰田汽车公司都会开发出新的混合动力系统，试图将能源利用率做到最优。在这 20 年间混合动力技术得到磨炼，日本市民对于混合动力车的理解也越发深入。

开发当初，比起同档次的汽车来说普锐斯的售价要高一些，很多人质疑“真的值这个价吗”，但是近几年里单纯议论价格的人越来越少了。的确，潜在成本也许略高，但是如果使用得当就可以降低能耗，长久来看比较经济。燃料消耗变少，意味着环境的负荷也降低了。并不是只要便宜就好，而是要综合考虑是否让人满意，如今这种理性的消费者越来越多。

不搭载发动机的电动汽车和燃料电池车对低碳社会做出了贡献，而且也无须再担心汽油车带来的噪声和废气排放问题，无论是乘车人还是车外的行人都会因此受益。另外，由于是电气驱动，自动刹车等驾驶辅助系统和自动驾驶系统等新技术都配合得不错，所以驾驶体验算是比较安全舒适的。

随着多种多样的车型问世，人们可以结合自己的出行习惯购车，“平时只在附近买买东西，所以开电动汽车就够了”“偶尔会开车去远处兜风，所以插电式混合动力车很适合我”，购车方式多样化也挺有意思的。

在小城市，汽车依然是主要的交通工具。上下班和购物的话汽车不能少，所以几乎人手一辆车，但是如果是小型货车或轿车，只乘坐驾驶员一个人的话未免太浪费了。最近有公司正在研发一款面向单人驾驶的小型电动汽车，这种小车被称作城市通勤车（city commuter）或单人移动车（personal mobility），由于车型小，性能简化，所以比一般的电动汽车要便宜一些。日常短距离移动可以驾驶小型电动汽车，和家人朋友外出兜风可以驾驶插电式混合动力车，人们有了更多选择的空间和余地。

早些年人们出行时可以选择汽车或摩托车，现在还可以选择普通的汽油车或小型电动汽车。即使车主家里有好几辆车，也不代表要同时使用它们，就像我前面说的那样，每辆汽车的能源利用率都得到提高，整体来说带给环境的压力就小了，而且使用不同的汽车也会体验到不同的乐趣。如果使用频率较低，但是喜欢跑长距离兜风的话，可以考虑共享汽车服务或者租车服务。

互联网信息技术的发展催生了共享汽车商务模式，这种模式已经涉及许多领域了。在某个区域范围内向游客提供共享汽车租赁服务是个不错的点子，从振兴地方经济的观点来看，也是关注汽车技术升级的表现之一。

在推进移动运输整体低碳化的进程中，一方面可以提高各种汽车的能量利用效率，另一方面，还可以根据各种类型汽车的性能优势，结合当地

照片 3-4　丰田车体公司生产的单座超小型电动汽车 COMS“P · COM”

的地区特性进行推广。多种移动工具的登场，为人们提供了更多选择的购车乐趣，同时也逐渐带来了新的商机。减少二氧化碳排放量和丰富人们的生活，二者完全可以融洽共存。

移动出行的转换运输方式（modal shift）

运输过程中的二氧化碳排放量，有 47.5% 来自私家车。其次是货车，占 35.1%。其他运输方式（包含公交车、出租车、铁路、船运、航空）占 17.4%，因此，要想尽快实现低碳社会，还必须要加快推进货车的节能减排。

货车通常指的是运货汽车，包括运输公司使用的营业运货车，还包括农民或商店等非运输公司使用的自用货车。运输重量（吨）乘以运输距离（千米）等于以吨千米为单位所排放的二氧化碳量，如图 3-3 所示，我们比较各种方式的每吨千米二氧化碳排放量后，发现家用货车的二氧化碳排放量是商用货车的 6 倍之多。而且，商用货车的二氧化碳排放量是船运的 5 倍以上、铁路运输的 8 倍以上。显然，比起货车运输，船运更环保；比起船运，铁路更环保，排出的二氧化碳量更少，所以要想降低环境的负荷，就必须让更多的船运甚至铁路运输代替货车运输。

像这样改变运输手段的做法叫作转换运输方式。日本国土交通省在 10 多年前就开始推行转换运输方式了，但是至今并无太大效果。原因就是货车运输具有更加便利的优势。货车运输基本上不受时间和地点的限制，即使是小宗配送也可以通过货车完成。与此相对，船运和铁路运输的运行路线和时间要求的自由度就很低了。而且，即便是将集中配送的货物送达目的地，之后还是需要货车来辅助分流运输。如果运输方式转换后还是无法扭转这一局面，那么在成本上就毫无优势可言。

但是，现在物流行业面临一个很大的问题：他们招不到足够的货车司

图 3-2 交通运输的二氧化碳排放量明细

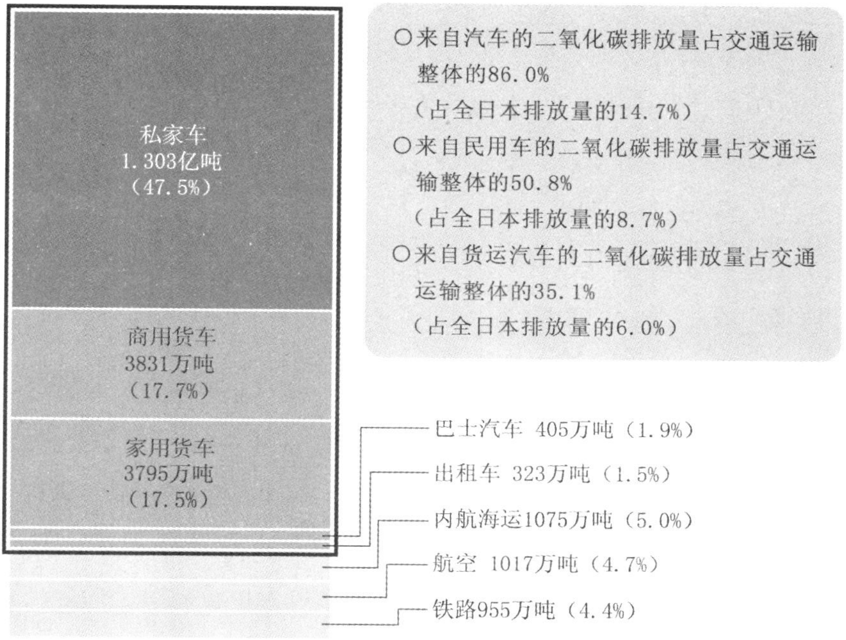

※ 由于抹去了尾数，可能会导致合计的数值出现不一致的情况

※ 国土交通省基于温室效应 Gas Inventory Office《日本的温室气体排放量数据（1990 ～ 2014 年度）确切值》制成该图

图 3-3 单位运输量的二氧化碳排放量（货物运输）

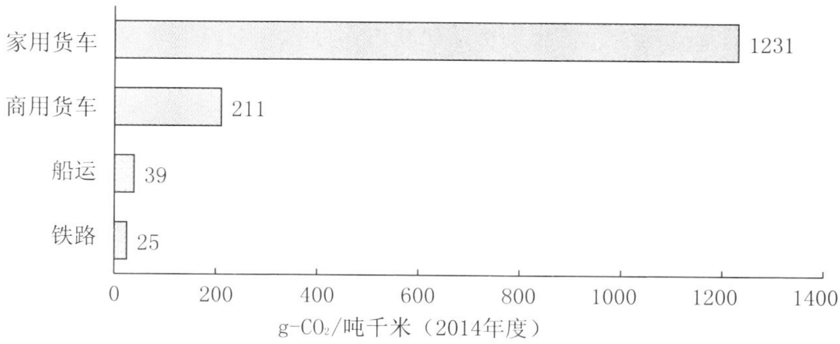

出处：国土交通省

机。货车司机老龄化愈发严重，劳动时间长，待遇低，工作环境严酷，导致很少有年轻人愿意从事这项工作。即使提高了工资，改善了待遇，依旧很少有人会应聘。然而，网络电商的兴起使物流配送的需求增加。如果货车司机们的工作负荷加重，那么就更容易出现配送超时和交通事故等问题，从长远来看，似乎还是看不到解决人手不足这一问题的希望。改善物流行业的课题已迫在眉睫。

转换运输方式也许可以帮助物流行业解决这一课题。如果用铁路运输代替货车运输，那么这个区间内就不需要配备货车司机。如果与专送小宗货物的运输公司合作，那么就可以提高货仓的装载效率，归途的载货能得到保证，铁路或船运的优势也能充分体现。

还有一点，自动驾驶技术可以解决人手不足的问题。五十铃汽车公司（ISUZU）和日野汽车公司（HINO）宣布，将联手开发货车和巴士汽车的自动驾驶系统。目标是实现三辆以上货车编队行驶。实验过程中每辆车里都有一名驾驶员，但是将来的目标是只有最前面那辆车有驾驶员，后面的两辆车都是无人驾驶。三辆车之间没有物理联结，需要的只是一个驾驶员，这样可以减少人力成本，还可以提高运输效率。

在未来，如果彻底实现了自动驾驶，那么就可以把驾驶员从监测前方的义务中解放出来，在车内进行票据整理或者销售、商品企划等工作。现在一说到货车司机，人们想到的还是体力工作者，但是依靠技术的发展，他们也可以从事一些有创造性的工作了。

3-3 运用在家庭和办公建筑上的低碳技术

推进节能可获得经济效益

家庭耗能体现在哪些方面呢？图 3-4 是家庭中各用途耗能的占比情况，份额最大的是动力和照明，其次是热水器，再次是空调。动力指的是冰箱等电器。在办公室中的能源消耗比率情况和家庭中的差不多，所以控制家庭、办公建筑的耗能有着非常重大的意义，要重点解决的问题是把消耗降低到怎样的水平。

说几个比较常见的做法，例如把冰箱或空调换成高效节能的最新产品，在照明上，改用节能效果出众的 LED 灯泡。供热时可以改用家用燃料电池 ENE-FARM（日本家用燃料电池热电联供系统）或者 EcoCute（二氧化碳热泵热水器），它们可以同时提供电气和热水，减少能量浪费。在墙壁和地板内装入隔热材料，安装隔热性能优良的双层窗户，从而提高住宅和办公楼的保温效率。像这样，把能做的都做了，再预估一下今后的技术革新水平，到了 2030 年家庭耗能可以削减至当前的四分之一。还可以通过太阳能蓄电池发电进行削减，这样一来，就不再需要从外部投入能量。如果发电量高于消耗量，还可以把多余的电量进行出售。

听了我列举的这些节能对策，可能有些人会说“节能这么花钱啊，我可不做”。我想说，其实也不是要求大家马上就采取这些对策。

如今，空调和冰箱这些电器已经相当普及了，但是通常要十年左右才会更换一次。当然，也没有人会买一台比10年前那个旧机器节能性能更差的产品。所以，只要按通常做法对家电进行更新换代，就是一种促进低碳化的做法。

像ENE-FARM和EcoCute这样最新型的产品，能源利用率都很不错。而且，实际购买时的价格一定会比刚上市的时候要低一些，这样也能节省一部分钱。要想把隔热材料和双层窗户装入现有的住宅里，难度略高，成本也不低。但是，它们的隔热性可以帮助用户降低能耗，电费支出也会降低不少。在新建房子或者大规模装修改造的时候，不妨积极地考虑一下是否要启用新型的节能材料和装置。

图3-4　不同年代中家庭能源消耗量与使用目的的变迁

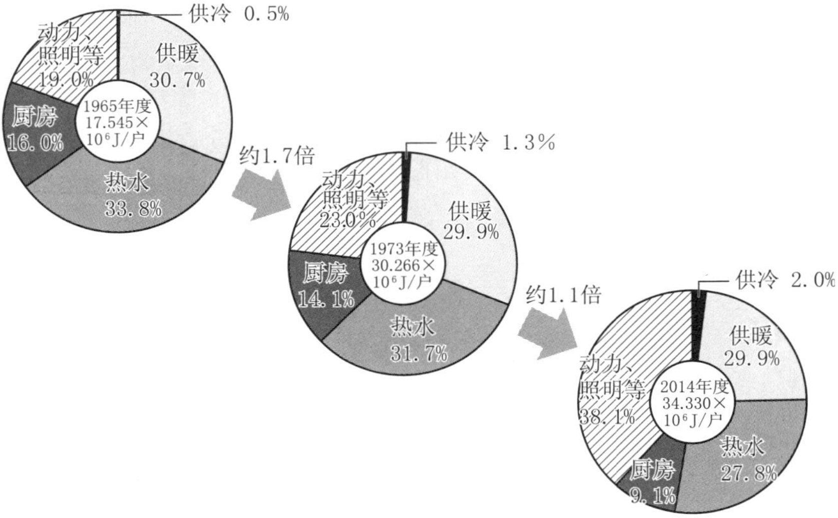

出处：《能源白皮书2016》

节能带来的新商机

为了节能而做的前期投入，在之后可以回收回来。如果耗能减少，相应的电费、燃气费也会减少。如果耗能降至四分之一，除去基本费用，其他费用也会降低至四分之一。今后，即便单位电费涨了或者翻倍了，总的电费也只有目前的一半而已。长远来看，推进节能的确会带来经济效益。

可以说，推进节能会衍生新的商机。

低碳研究推进中心（LCS）与东京大学共同提出了“电费直接支付”制度。这个对策旨在导入低碳对策的同时减轻家庭的负担，使家庭在节能循环方面不需要使用补助金就能实现大幅进展。

比如，在导入太阳能发电系统或家用燃料电池时，金融机构对初期费用进行融资，导入后节省下来的电费再返还给大家。这样，家庭承担的初期设备投资几乎为零。与按月分期购买不同，每个月的支付金额不会增加，对于没有多余资金的家庭来说，也可以为了节能导入最新设备。对于社会整体来说，不增加补助金就能推进低碳化，也是一个不错的想法。

但是，必须先决定好由谁来代替居民承担初期设备投资费用。英国设立了非营利的企业和机构，由英国能源与气候变化部负责主要投资。在日本，大阪燃气公司（OSAKA GAS）的子公司推进太阳能发电的事例非常有名，但是他们在前期信用调查时花费了巨大的时间成本，所以这个不适用于小规模的案例。如果对象是家庭，那么还是设立基金比较合适。此外，如果要制订出有效的措施就必须要进行细微的调整，静冈县长泉町、北海道下川町等 5 个地区从 2015 年起被作为试点，我们不妨等等看试点实验的结果。

另一方面，已经有公司专攻这项业务了，它们就是所谓的节能服务公司（Energy Service Company，简称 ESCO）。ESCO 的客户是办公大楼，负责向他们提供低碳化对策的咨询服务，以及外包服务，从大楼削减的水电燃气费中获得报酬。服务合同到期后，今后每一笔削减下来的费用都将成为客户的利润。

在经历了对经济产生巨大冲击的事件，例如雷曼事件和东日本大地震之后，投资变得更加谨慎，投资额也在缩减，但是不妨考虑一下投资节能产业，回报一定不错。也建议年金使用团体等保守型的投资机构可以早一点发现这一商机。

家庭耗能集中在电能

接下来我想从能源来源的角度分析家庭耗能的情况，早在 1965 年，家庭中使用最多的是煤炭，其次是电气、煤油、天然气。进入 20 世纪 70 年代，生活模式趋向近代化，用于取暖和做饭的煤炭占比骤减。取而代之的是煤油占比大幅上升，电气和天然气的占比也增加了。

从化石能源的消耗量来比较取暖效率，效率最高的是空调。因为空调运用了热泵技术。有关它的详细构造，我在后面会介绍。热泵能够把自身所需能量的 6 倍之多从室外聚集起来输送到室内。煤油的热能转化成电气的转换效率只有 40%，使用热泵却可以达到煤油 2 倍以上的取暖效果。

同样使用电气的取暖设备还有电加热器，但是它比煤油取暖炉的效率还要差。原因是，在发电站，有 60% 的化石资源已经作为热能被浪费了，只有剩余的 40% 直接向室内供暖。热泵同样也会将电气转化为热能，但是它能够聚集起数倍的能量，效率非常高。而且，比起煤油取暖炉，使用空调引发火灾的风险要低很多，也不会污染室内空气，对用户来说比较方便省心。

今后，家庭耗能中，电气的比率会越来越高。既可以从石油和天然气中获取电气，也可以从太阳能和风力这些可再生能源中获得电气。要想推进家庭和办公建筑的低碳化，前提条件是想办法把外部能量集中起来。

图 3-5 不同年代中家庭耗能来源的变迁

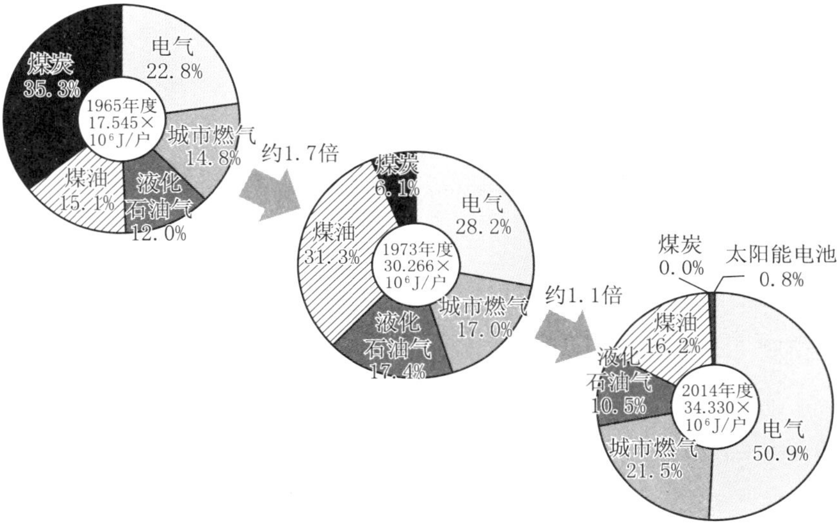

出处：《能源白皮书 2016》

环保屋（EcoHouse）让居住更舒适

为了追求高能效，日本推出了许多种节能产品，然而用在建筑物房体上的节能对策却没有进展。在一栋已经建好的建筑物墙体上安装多层窗户或隔热材料可以提高隔热性和气密性，大幅提高能源利用效率。不依靠外部能源也可正常运转的零耗能住宅成为人们的理想住宅之一。

在一栋零耗能住宅中，不可缺少的就是多层玻璃，它由多组双层玻璃组合而成。在多层玻璃的中空一侧镀上银薄膜的低辐射（Low-E）玻璃，此举受到了关注。旭硝子玻璃股份有限公司（AGC）已经开辟了多条生产线生产低辐射玻璃。关东以西地区的住宅大多安装了多层镀银玻璃，为的是防晒，属于日射遮蔽型产品，而东北和北海道地区大多安装单层镀银玻璃，为的是尽可能多地吸收太阳光热量，属于日射取得型产品，两种产品都很畅销。表示热量传导程度的热贯流率都处在同一水准，隔热效果都不错。

在国土狭长的日本，住宅大多都是小而紧凑型，多数住宅的窗户厚度只有 100 毫米。要想让这么薄的窗户确保充分隔热，关键在于增加多层玻璃的中空层数，以及控制中空层内的空气对流。如图 3-6 所示，“三层玻璃”（triple glass）中，中空层里封入了氩气或氪气，可以提高隔热性。另外，窗户是由玻璃和窗框组成的，所以也必须要提高窗框的性能。在今后的零耗能住宅里，可以试着使用高隔热树脂窗框和树脂复合窗框组合而成的窗户。

建筑物的隔热性不止牵扯到耗能，还会对住户的健康产生影响。日本国土交通省和厚生劳动省以及医疗机构联合实施的关于各季节不同原因导致的死亡率和救护运送室内发生事故的调查显示，在室内死于心血管类等循环系统疾病的事件，在不同季节会有不同特点。由于浴室或更衣室的温度差距导致血压骤变引发的热休克多发于冬季，越是温差大的住宅里发病率就越高。

我对庆应义塾大学伊香贺俊治教授在日本建筑学会上发表的报告很感兴趣。在以住在高隔热、高气密住宅的 5500 户共计 1.9 万名居民为对象进行的调查显示，居民搬家前和搬家后的患病率明显存在差异。脑血管疾病和心脏病分别有了 84% 和 81% 的改善，过敏性鼻炎和过敏性皮炎几乎全都有了痊愈倾向。

隔热性住宅室内温度均一，不容易引发热休克这种心血管疾病。而且，高隔热、高气密性住宅不容易发霉，过敏性鼻炎和过敏性皮炎的状况都会得到缓解。住宅的高隔热性和高气密性有助于人们过上高品质的生活。

图 3-6 “三层玻璃”的内部构造

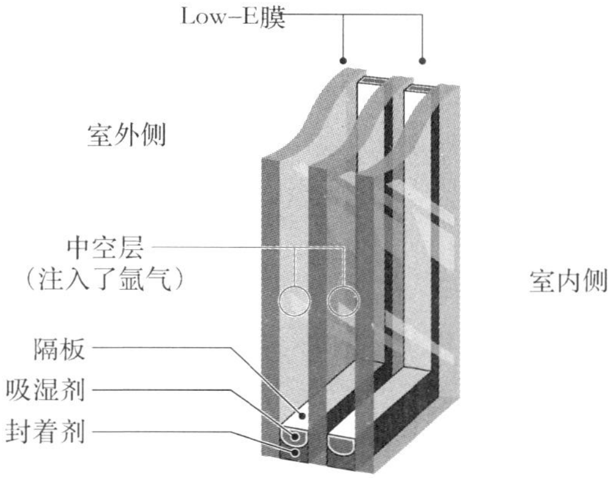

（照片来源：旭硝子玻璃公司）

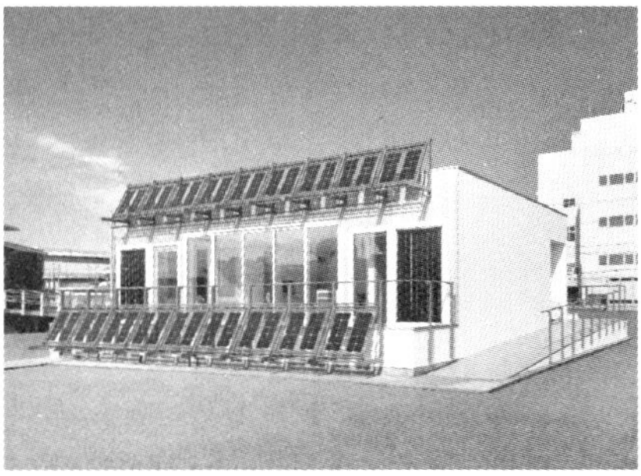

上方照片：东京大学“CITY ECOX”
（照片来源：积水 HOUSE 公司）
右侧照片：芝浦工业大学“母亲的家 2030”
（照片来源：芝浦工业大学）

照片 3-5 安装“三层玻璃”的案例

大学与企业携手参加了以“2030 的家”为主题的“环保住宅 2014”未来建筑展。两件作品都装有旭硝子玻璃公司的 Low-E 三层玻璃

图 3-7　通过提高房屋隔热性与气密性对住户患病率的影响（变化与改善率）

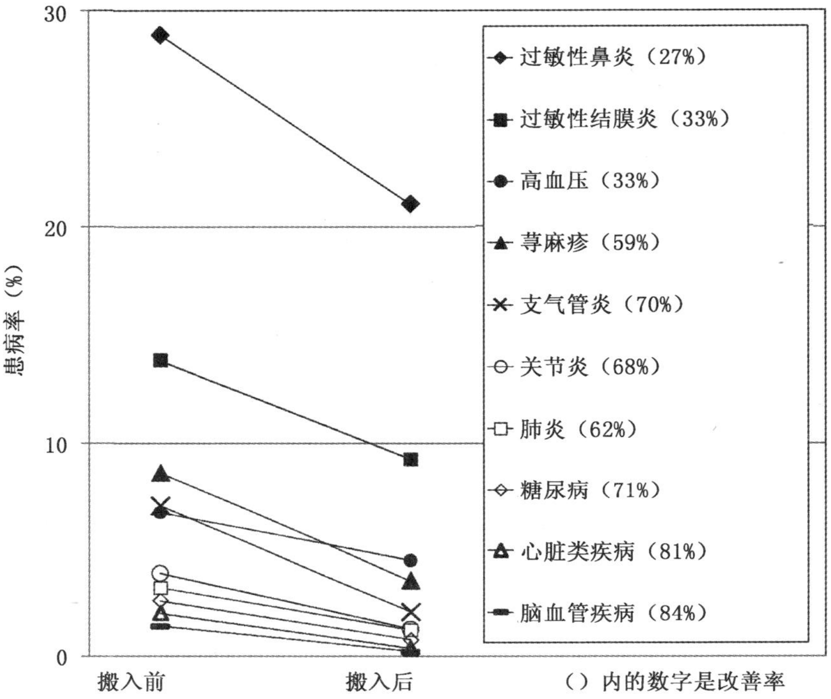

出处：《从维持健康带来的间接受益（NEB）来评价对住宅隔热的投资》（伊香贺俊治、村上固三、岩前笃、星旦二他，《日本建筑学会环境系论文集》Vol.76，No.666，2011.8）

最新热泵信息

家庭中耗能比较多的是热水系统。对于这种节能机器的研发制造，日本已经走在了世界最前端。尖端产品之一就是 EcoCute（二氧化碳热泵热水器），它可以利用空气中的热量将水加热煮沸。EcoCute 的原理是利用温度差获取能量，热泵技术是其基础。

现在，日本的火力发电站的平均发电效率是 42%。由于使用了 EcoCute，烧水时它可以吸收自身所需能量的 6 倍，能够产出 42% 乘以 6 约等于 2.5 倍的热量。

EcoCute 问世已经超过了 15 年，在这期间热泵技术不断进化，产品价格下降，普及率提高。如图 3-8 所示，热泵、蓄热中心预估了今后家庭中导入热泵热水器的数量。低位是依照目前趋势发展且不追加其他对策的情况，中位是实施导入辅助对策的情况，高位是采取更加强有力的措施加快导入的情况。根据这个推算，到了 2040 年，导入的热泵热水器的数量将达到现在的 3 倍甚至 4 倍。

热泵不仅应用在 EcoCute 中，在其他家用电器中也有它的身影。具有代表性的电器就是空调。这 20 年间技术不断发展，空调的能源利用率已经被提高至 2 倍。冰箱、地暖、衣服烘干机、温水融雪系统等产品也运用了热泵技术。

商用空调、冰箱冰柜、热水器等，大多都使用了热泵。最近，也有越来越多的热泵被导入制造业的生产现场。早些年的技术能将水加热至 60

图 3-8 家用热泵热水器导入量的推算情况

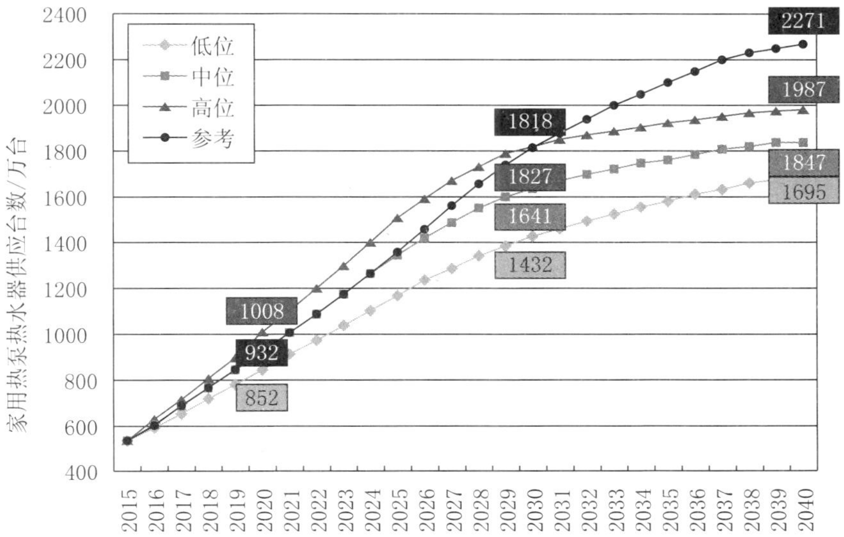

出处：热泵—蓄热中心《HP 热泵普及预测调查》

图 3-9 通过导入家用热泵热水器带来的节能量的推算情况

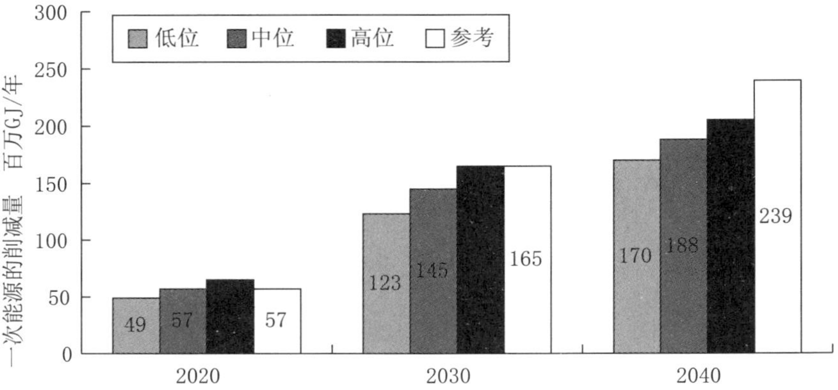

出处：热泵、蓄热中心《HP 热泵普及预测调查》

摄氏度就很了不起了，所以在工业上的用途有限，但是最近的技术可以将水加热至 90 摄氏度。如果能够确保这个温度，那么就可以将之运用在食品的加热和干燥上，也可以用在化学工厂和电子零部件工厂以及医药品工厂里。

家用燃料电池成为日本的看家本领

与 EcoCute 并列，有望成为家用节能供热产品的是 ENE-FARM（日本家用燃料电池）。作为供热用的燃料电池，它有两种形态，一种是使用氢气的固体高分子形态，一种是直接使用城市燃气的固体氧化物形态。前者可以从城市燃气、液化石油气、煤油中直接提取氢气，使其与空气中的氧气发生化学反应发电。比起使用燃气、煤油等能源，这种化学反应的过程中放出的热量有大约 37% 转化成电气，有 50% 用来给水加热。投入的能量合计有 87% 被利用了，损失只有 13%。

集中型火力发电站向各个家庭输电时效率只有 37%，而家用燃料电池产生的电量却可以达到集中型火力发电的水准。所以可以用家用燃料电池来加热水，用集中型火力发电站排出的热量做其他事情。

EcoCute 和 ENE-FARM 都是值得日本骄傲的节能技术。EcoCute 是日本从零开发研究的产品。从很早以前，冰箱和空调就已经使用氟利昂制冷了。制冷剂是机器吸热放热不可缺少的东西，但是氟利昂会破坏臭氧层，对环境有不好的影响。日本用二氧化碳代替了氟利昂，这也算是一种技术进步吧。

ENE-FARM 在技术上也达到了新高度。从液化石油气中提取氢气的技术以及压制燃料电池中必备的精致陶瓷的技术都是日本的看家本领，日本的研发人员不断探求新技术。在不远的将来，很有可能会出现发电效率逼近 45% 的新产品。

使用了固体氧化物形态的燃料电池的 ENE-FARM 可以在 700 摄氏度的高温下发电，凭借其颇高的发电效率，大阪燃气公司的产品中有 52% 搭载了它。研发燃料电池中使用的精致陶瓷，也是日本引以为傲的技术。

EcoCute 和 ENE-FARM 都可以用来加热水。日本生产的蓄热水池比外国产的性能要好。虽然美国也有同样的产品，但是隔热性能太低，不够节能，普及率并不理想。无论是家用还是商用，热水系统上的耗能都只接近先前的三分之一。在全世界，人们有淋浴和泡澡的生活习惯，对热水的需求量极大。减少这方面的耗能就意味着提高能源的利用率，为低碳化社会做出巨大贡献。

日本原创环保技术的全球化

日本的空调和供热的热泵技术已经走在了世界前端，今后也应当持续开发新的技术，继续为世界低碳化做出贡献，同时也有益于日本的经济增长。空调品牌中的佼佼者当属占据全球市场最大份额的大金工业公司（DAIKIN），它是最早一批将全球战略纳入经营方针的日本公司。该公司成功的关键在于以下三点：

（1）“技术开放战略”：变频技术节能空调普及战略

大金工业公司把核心的变频科技提供给中国市场份额最大的格力电器公司（GREE），为了扩大变频空调市场，开展了“技术开放战略”。当时中国市面上没有加装变频器的空调，使用了变频技术的空调能够节省30%的能耗，因此变频空调的市场比率急速扩大，变频的热潮席卷了整个亚洲。

（2）制冷剂与空调的同时开发：快速的环境应对

大金工业公司是世界上唯一一家同时制造、销售空调与制冷剂的公司。在世界环境规则制约日益严格的时代，通过尽快引进制冷剂控制技术，实现节能与环保两不误。结果就是，把热化系数控制在现有制冷剂的大约三分之一的新制冷剂“R32”问世了。自开展研发以来，截至2015年3月，已经打开了全世界43个国家的市场。

（3）个别分散式空调：细致入微的制冷剂控制技术

一台室外机可以控制多个室内机，实现个别控制，制冷、制热分开使用，这种“多联分体技术”通过大金的制冷剂控制技术成为现实。该公司在20世纪80年代开始研发并销售建筑大楼使用的分散式空调，实现了施工融通性和设计、工程零部件标准化。日本在国内成功的基础上，开始把这种商业模式带去欧洲和亚洲，将日本式的空调文化渗透进去。

不仅是大金工业公司，东芝公司（Toshiba）、日立制作所（Hitachi）、三菱电机（Mitsubishi Electric）等日本其他的主要空调制造商也通过与外国企业合作而迅速开展全球化战略。

然而另一方面，2001年首次问世的EcoCute在2016年3月的普及数量已经超过了500万台，但是它的全球化进程依然较缓慢。

韩国和中国都在急于处理环境问题，目标是把烧水、供暖的炉子换成热泵。如果不快点把日本的热泵热水器和空调等顶尖产品投入全球化战略中，恐怕将来会丧失许多广大的外部市场。

松下电器公司（Panasonic）与德国的亚琛工业大学开始联手共同研究“面向热泵温水供暖系统的电力控制技术”。另外，三菱电机把在欧洲地区销售的热泵式供暖机的设计、开发移交给了位于英国的子公司，目标就是通过迅速投入新机型，同时严格控制成本，扩大市场占有率，加入全球市场的竞争中。

今后，可以预想在巨大的中国市场，热泵热水器很可能会一举成功，中国本土企业也会扩大和外国企业的技术、销售合作，日本的全球化战略将会遇到新的挑战。

3-4 制造业的低碳技术

从高炉转换成电炉

农林渔业通常依靠太阳能生物资源，制造业则依靠不参与自然界循环的地下资源来生产各种各样的人工制品。在这里我想说一下制造业中耗能量最大的钢铁冶炼。

冶炼钢铁，有高炉转炉法（后面简称高炉法）和电炉法两种方法。高炉法的原材料是天然能源铁矿石，把铁矿石和焦炭一同放入高炉中，燃烧去除铁矿石中的氧元素，形成生铁。通过加工生铁可以得到各种铁制品。

产出 1 吨铁需要投入大约 600 千克焦炭，然而理论上只需要 202 千克，所以几乎三分之二的焦炭都浪费了。制铁过程中，虽然技术开发的效率提升了，但是加工和成型阶段的工序非常复杂，各个小工序中的损失累积起来就非常大了。今后，在投资的时候也要考虑到想把效率提升到怎样的水平，尽管如此，要把 600 千克降低至 400 千克未免太难。

另一方面，在社会基础设施上，桥梁、大楼、道路、汽车等都在使用铁，而且这些物品都有一定寿命，等到它们报废的时候就可以把里面含有的铁作为废铁回收，放入电炉内熔化成型，再次成为钢铁制品进入人们的生活。使用电炉法炼铁，生成 1 吨铁，需要的能量换算成焦炭量只需大约 300 千克，相当于高炉法的一半。

虽然使用电炉炼铁很难减少加工成型阶段的能耗，但是从整体来看，能耗削减方向已经很明确了。熔化废铁需要用到电气。燃烧化学能源，把热能转化为电能，再把电能转化成热能用来熔化铁。如果用化学资源直接熔化铁，那么产出 1 吨铁消耗的焦炭量就可以削减到 150 千克了。

从能源的角度考虑，比起开采铁矿石送进高炉中炼铁，利用电炉熔化废铁所消耗的能量明显要少得多。而且，电炉法将逐渐成为节能技术开发的主要方向。不仅铁是这样，混凝土、铝都是如此。回收沉睡于都市矿山中的资源，构建废物再利用的社会系统，制造业也会迎来大幅度的低碳化。

铝非常适合回收再利用

铝是由以铝氢氧化物为主要成分（含铝量 25%）的铝土矿制成的。生产铝有以下几道工序：采掘（运输）、从铝土矿中生产氧化铝、还原（电气分解）、成型。

和前文所述的那样，理论上来说，运输过程中的耗能为零。成型加工的耗能也近乎零。加热物质至熔点，软化后简单成型，冷却时回收热量，回收的热量和加热时所需的热量几乎相同。回收的热量可以运用在下一次薄板加热时，如果同样的工序重复循环，就不需要投入新的能量了。

加工中有一个工序是切断，如果先熔化、再分割、再固定，那么只需要熔化用的能量，只要能把热能回收起来就不需要新的能量了。把厚板切割成薄板，切断或切削，成型加工在理论上都不需要消耗能量。

生产 1 吨铝，从铝土矿中分解成出氧化铝的工序需要耗费 20 GJ 的热量；还原（电气分解）工序要使用碳素电极，和电力相加，需要耗费

130 GJ 的热量，合计耗费 150 GJ。这个数值是理论数据的 5 倍。

铝的回收也很常见。根据日本铝协的说法，非金属回收制造所需能量只有从铝土矿中制造新生金属的 30%。比起使用矿石，加工废铝的成本更低，效率更高，从耗能的观点来看废铝是不错的资源。

实现稀有金属的物质循环

在制造业的低碳化中，都市矿山的存在具有重要的意义。从 30 多年前就有人提出都市矿山的概念了，但是直到差不多 10 年前这一概念才为大部分人所知，大家开始知道稀有金属是手机和电脑等电子设备里不可缺少的东西，稀有金属的价格从这时起开始暴增。

从字面上我们就可以知道，稀有金属不常有，且大多产自偏远地区。比如，混合动力车和电动汽车的电动机中使用了钕磁铁（Neodymium magnet），为了防止钕磁铁受热消磁，需在其中添加少量镝。在全世界几乎只有中国才有镝，如果其他国家无法从中国进口，那么将无法生产混合动力车和电动汽车。都市矿山不仅在低碳化上意义重大，在资源安全上也很重要。

对于电子产品大量普及的日本来说，值得庆幸的是我们有大量的稀有金属沉睡在都市矿山中，只要废弃产品全部回收，只依靠开发都市矿山就能够满足日本国内的全部需要。为此，必须要尽快搭建物质循环系统。

为此，日本在 2013 年 4 月颁布了《小型家电回收法》。此前的《家电回收法》不适用于电脑、手机、数码相机、游戏机等小型家电，因为当时这些家电被归为不可燃垃圾，但是在完善了回收利用系统之后，小型家电逐渐走向资源化。

通过该法律认证的 Renet Japan 公司开始利用网络平台与快递公司，回收旧电脑、旧智能手机等小型家电，提供废物二次资源化处理服务。用户身在家中便可 24 小时随时发出回收申请，快递公司 365 天全年无休上门取件。在便利之余，用户的信息安全也会得到充分保障，Renet Japan 公司会彻底删除家电中存储的用户信息。

自 Renet Japan 公司开始提供服务的 2 年以来，已经有大约 100 个自治体开始与它合作。合作的自治体会作为行政通知的一环，向广大居民宣传这家公司的快递回收服务。在京都市，短短 2 个月的时间里就回收了大约 1 万台旧电脑。

《小型家电回收法》中没有提及处罚规定，所以也被称作是促进法。有些地区的回收进展并不是很顺利。即便通过自治体提供行政服务，仍然有很多居民担心使用方法烦琐，或者担心信息保护不到位，因此并不是很配合。越是需要民众配合的领域，越要想一想民众更容易接受怎样的服务。

照片 3-6　利用快递上门的小家电回收服务（照片来源：Renet Japan 公司）
（1）提前在网上预约，快递公司上门收件
（2）只需支付硬纸箱费用，单个 880 日元（税前）。可以容纳多个小型家电
（3）回收后的家电将由合作的中间处理公司（具有相关资质）进行专业的处理，拆解后的零部件会被分类回收

期待工业用热泵

在制造业的生产现场，需要加热时一般会使用锅炉。其中，烧热水、洗净、干燥、低温加热（发酵成熟等）时需要的温度不到 100 摄氏度，可以用热泵代替锅炉。之前通常使用大规模、集中化的锅炉设备，但是今后可以用分散型的工业热泵代替，从而减少配管浪费，减少排水管的数量，大幅节省能源。

图 3-10 展示了热泵的用途。以前的热泵只能提供 60 摄氏度的温度，但是随着高温型热泵的成功研发，热泵在食品领域的应用范围更广了。而且，医药和化学行业中也有越来越多的工序可以用得上热泵。

根据使用的热量定位，工业用热泵大致分为两大类。

一种是可以回收利用已排出热能的排热回收型热泵。在制造业的生产现场，许多地方排出的热能可以被回收利用，但是依然存在一部分没能得到回收，最终排放在大气中。热泵可以把那些排出后很难直接使用的几十摄氏度的热量收集起来，作为有效热源加以利用。产生热能的同时并没有马上使用，如果能设计一个储存热能的蓄热槽，就不会有浪费了。

另一种热泵可以同时进行冷却和加热，是可以同时提供冷水和热水的冷热双效热泵。在食品加工厂里，常常会有在同一时刻某些工序需要加热、某些工序需要冷却的情况，热泵最早的功能是从一方吸收热量，向另一方释放热量，热量被带走的那一方温度会降低，另一方温度升高。如果可以同时加热和制冷，那么就可以将以前的效率翻倍，工厂整体都可以节能。

例如，在制作面条的工厂里，煮好的面条在冷却装置中用冷水冷却。在这两道工序之间放置热泵，一侧可以聚集热量给水加温，另一侧可以带走热量给水降温。某个工厂使用了这个方法，成功将二氧化碳排放量降低

图 3-10 热泵的应用领域

主要行业的应用例子

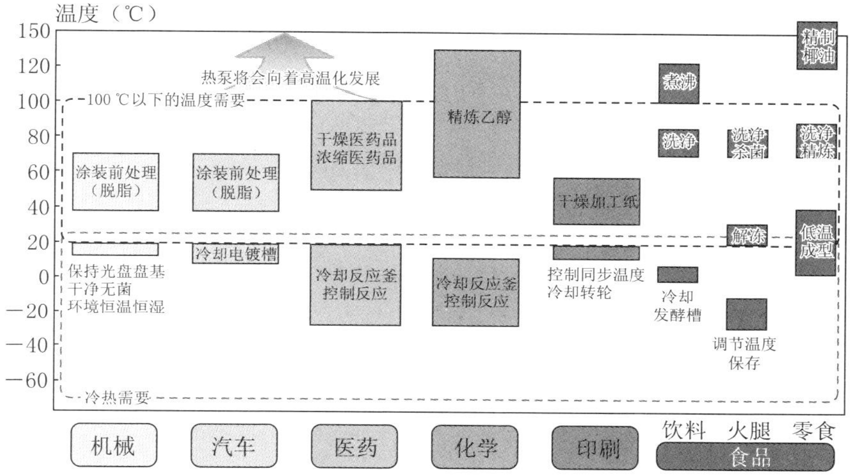

出处：热泵—蓄热中心

到之前的 31%，耗能量降低到原来的 35%。

为了减少 2020 年以后的温室效应，日本政府在 2015 年拟定了《日本约束草案》，将 2030 年温室气体较 2013 年减排 26%（较 2005 年度下降 25.4%）的目标（约 10.42 亿吨二氧化碳）纳入其中。热泵—蓄热中心预测了从家用到工业用热泵普及的情况，试着计算了处在中位的案例的耗能减少情况和其对约束草案的削减目标所能产生的影响（见图 3-11）。从这个结果来看，导入热泵后应该有望实现目标的两成以上。

理论上，使用热泵从环境中吸收热能，是非常合理的做法。如果用化石燃料来加热或降温，未免太没有效率。今后，直接燃烧化学能源的做法应该会越来越少见。

图 3-11　通过导入热泵带来的二氧化碳削减效果

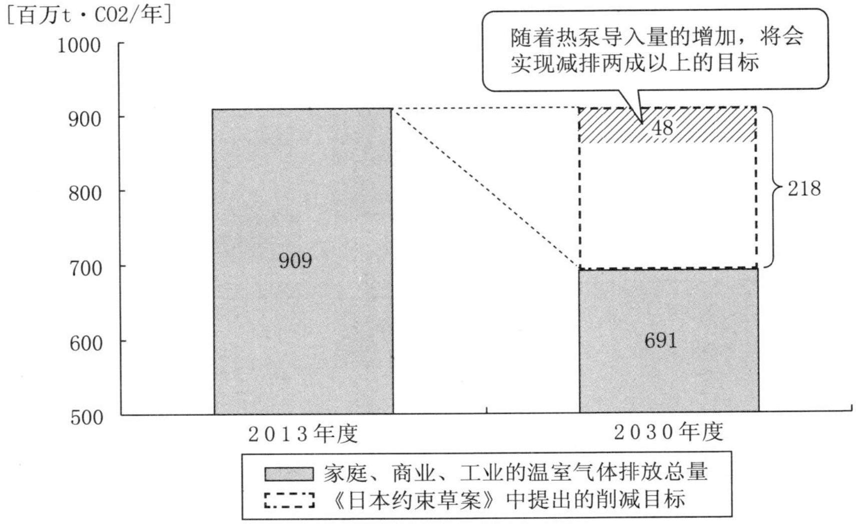

出处：热泵—蓄热中心

第四章
支撑低碳社会的技术（活用能源）

今后，能源的利用率会越来越高，消耗量也会越来越少。但是，无论怎么降都不可能降到零。“展望 2050”这个概念，主张同时实现低碳社会与优质生活。这个愿景的实现离不开能源，然而问题在于从哪里获得能源。

“展望 2050”提出的一个目标是让可再生能源开发量翻倍。IEA 预测称，在 2040 年之前，电能投资中的六成都将是可再生能源。在这个未来数十年必将稳步成长的市场中，蕴藏了大量的商业机会。

它们是太阳能、水力，还是生物能呢？接下来我们就来思考一下未来的可再生能源吧。

4-1 可再生能源的未来

重新思考可再生能源的价值

在第三章里我们看到，最新的技术可以减少能源使用量并且获得最大的环保效益和经济效益。但是想尽各种办法都无法将能耗减少至零，因此就必须要采用那些对环境造成的压力较小的能源。

起初，“能源”指的是“能够直接获取的万物之源”。它们埋在地下，或者存在于陆地上，或者从空中降落，总之一定是从自然中获得的。

按照这个定义来看，化石资源、太阳能、水力、风力、地热、生物能等都属于自然资源，但是氢气和电气却不是，因为两种能源无法直接从自然中获取。

很多人对氢气有一种误解，现在冒出很多类似“氢气能够解决能源问题”“氢气立国”的说法。他们认为“氢气来自电解水，水资源用之不尽，所以如果能用氢气替代所有能源，那么就可以解决能源问题”“氢气可以用于火力发电或燃料电池中，可以作为电气的原材料，因此它是自然资源”。的确，地球上的水取之不竭，氢气也可以用来发电。但是，要想得到氢气还需要其他能源的辅助。所以，氢气不是天然资源。

从使用量来看，化石资源依然占据高位。非化石资源占全球消耗总量的 24%，在日本这个数字只有 7%。但是，为了同时实现低碳社会与优质生活，不得不想办法去增加非化石资源的比率。因此，今后必须要增加太阳能、风力、生物能等可再生资源的用量。

就像第二章里所说的那样，回顾一下 1995 年以来的进展，应当把“展望 2050”提倡的“可再生能源翻倍”修改成“可再生能源占据 50%”。接下来我们来看具体措施。

思考太阳能电池与蓄电池的未来

长远来看，电源主要是化石资源转化成的可再生能源。可再生能源有水力、风力、地热、生物能等，但是其中太阳能的存在量超级巨大，如果技术开发成功就可以大幅节约成本，人类对太阳能寄予厚望。

但是，由于太阳光照容易受到自然气象影响，天气不同会导致发电量不稳定。夏季的日照时间、日照强度与冬季差别很大，天气变换也更加频繁。此外，只有白天有光照，所以只能在白天发电，可是人类无论在白天黑夜都会用电，这样一来，电力的提供与需求之间就产生了一道鸿沟。为了填补这道鸿沟，我们需要蓄电池来发挥作用。一个合理的电源构成不能单纯依靠太阳能发电系统，蓄电池是它不可或缺的好搭档。

其实现在有很多关于成本分析的研究和报告，内容包含对历史趋势的分析以及各个协会和行政机构发表的愿景、技术线路图、市场调查与经济性分析等。但是，这些基本上是基于运行曲线的经济性评价，并没有讨论未来的技术开发会给原料、工序、生产规模等带来怎样的变化，也没有对未来的制造成本做出明确的预测。

但我们的做法是，为了计算出目前以及未来的成本，必须要明确具体的技术内容，在这个基础上再去对产品或者系统的经济性、环保性进行定量评价。技术对生产规模和成本都会产生很大的影响，所以要明确它们之间的关系。既然要预测未来的技术发展速度，就要从分析相关技术的发展情况开始。

在投资工厂，还有制订生产计划时，这个评价方法都非常有效。

未来的成本与投资要达到平衡

我们先从太阳能发电系统的评估结果开始看。

以 2012 年为基准年，2020 年和 2030 年的情况预测如图 4-1 所示。现在的主流是单结晶硅太阳能电池，它的组件转换率是 17%，市场份额逐渐开始扩大的化合物薄膜太阳能电池（CIGS）是 15%。但是预计到了 2020 年，由于技术水平的提升，CIGS 的发电效率能够达到 18%，每年的生产量也会提高，生产成本下降。另外，很可能会有 CIGS 以外的新型薄膜太阳能电池问世，新产品的转换效率预计能达到 15%。

到了 2030 年，单结晶硅太阳能电池的厚度将会薄到连目前的三分之一都不到的程度，但是发电效率可以达到 25%。另外，多个 CIGS 重叠形成层状结构的 CIGS 双轨，转换率可以达到 30%，这个高性能武器将来会在市场上大放异彩。

系统整体的生产成本等于各个组件的生产成本加上 BOS（Balance of System，系统平衡，包括周边设备和工程）的总和。2015 年每瓦特（W）的生产成本是 126 日元，到了 5 年后的 2020 年，预计是 97 ～ 100 日元，再到 15 年后的 2030 年预计是 57 ～ 64 日元。

我们再来思考一下发电成本。2015 年单结晶硅太阳能电池的生产成本是 126 日元 /W。如果把全年经费率控制在生产成本的 10%，那么全年经费就是 12.6 日元 /W。如果去年日照量等于 1000 小时（h），那么 1 W

的全年系统发电量等于 1 W×1000 h=1000 Wh（1 kWh），所以发电成本就是 12.6 日元 /kWh。

在查阅了许多世界各地的发电成本研究报告之后，我发现其中存在低于 12.6 日元 /kWh 的情况。例如，在美国或迪拜这种日照条件良好的国家或地区，发电成本是 3 ～ 5 日元 /kWh。这些地区的全年日照量较多，全年发电量是日本的 2 倍以上，所以如果全年费用率控制在生产成本的 7%，那么发电成本就可以降至 5 日元 /kWh 以下。我们的成本计算结果和世界其他国家的报告结果完全一致。

图 4-2 是太阳能发电组件与系统生产成本的变化，以及在日本、中国市场上组件售价的变化情况。1991 年的成本价格是我们自己计算的，2015 年的成本价格是日本低碳研究推进中心（LCS）计算出来的。2010 年以来，由于市场扩大和竞争激化，组件售价急速下降，几乎接近成本价。尤其是中国产的组件受到汇率和政策的影响，售价甚至低于成本价。在 2012 年欧盟紧随美国启动了针对中国的太阳能电池板的反倾销、反补贴措施，开始征收税金，对照着我们自己计算出的成本价格来看，我认为其中存在合理的依据。

对企业来说，如果售价已经这么低了，还要继续降价，那么企业将会相当吃力。图 4-3 是除日本以外的国家的太阳能电池生产企业目前的收益情况——几乎所有企业都陷入了赤字困境。

说了这么多，是不是已经很清楚在向企业投资时应当注意哪些要点了呢？技术提升，市场扩大，生产量增加，那么生产成本就会降低。但是，对于其他的竞争对手也是同样。价格竞争激化，如果售价还低于成本价的话，那么赤字就会不断增大。

正因如此，一个企业在做经营判断的时候，不仅要考虑未来的技术进步、合理的生产规模等因素，还有很重要的一点就是要讨论未来的成本问题。只考虑未来的市场规模和现在的生产成本，结合二者来做未来的事业企划并没有什么意义。决定未来使用什么技术、生产规模有多大、在什么时期做什么事情等，这些才是做成本预估时必须考虑的因素。另外，也要把其他国家的相关政策和限制考虑进去，例如刚刚提到的反倾销税。

图 4-1 太阳能发电系统的成本构成

技术水平		现状 2015		2020		2030	
太阳能电池		单结晶硅厚度150μm	CIGS	新型薄膜	CIGS	单结晶硅厚度50μm	新 CIGS 串联
组件转化效率		20%	15%	15%	18%	25%	30%
全年生产量（GW/年）		1	1	5	5	5	5
生产成本	非固定费（原材料费）	56	51	16	22	14	18
	非固定费（社会贡献费）	4	2	3	1	2	1
	固定费（设备费、人力费）	14	14	10	9	7	7
模块费用小计（日元/W）		74	67	29	32	24	26
BOS	脚手架（包含工程费）	22	29	29	22	8	7
	功率调节器	30	30	20	20	9	9
BOS 费用小计（日元/W）		52	59	48	42	17	16
系统费用（日元/W）		126	126	67	72	41	42

出处：基于“科学技术振兴机构—低碳社会战略中心”的资料数据制成

图 4-2　太阳能发电组件・系统的生产成本

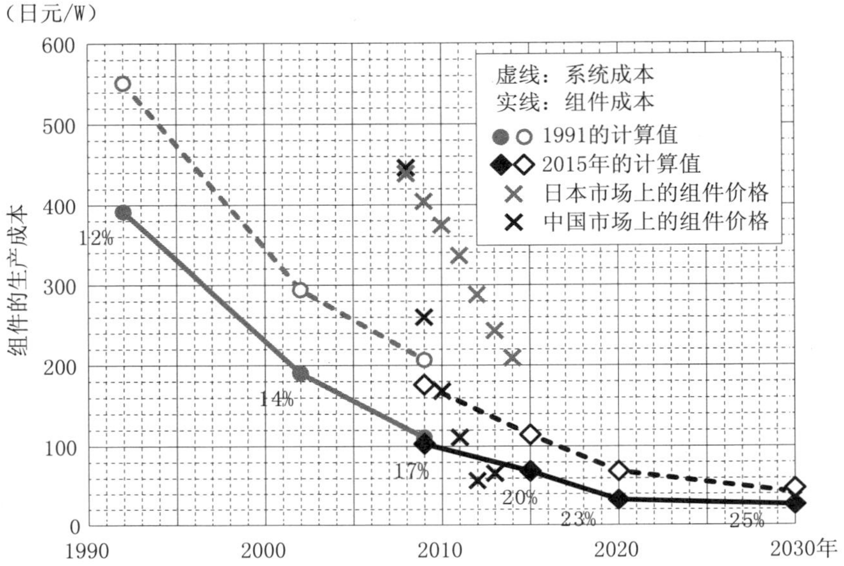

出处：基于“科学技术振兴机构—低碳社会战略中心”的资料数据制成

图 4-3　太阳能电池制造商的收益情况

企业名称	2015 年组件出货量 1)	2015 年纯经济损失 2)	纯经济损失对于成本的影响（纯经济损失 ÷ 出货量）3)	备注
	GW	M$	¢ / W-module	
太阳能源	1.3	-42	-1.3	美、N 型半导体
晶澳太阳能	3.1	-39	-1.3	中
晶科能源	3.5	-60	-1.7	中
天合光能	4.5	-49	-1.1	中
加拿大太阳能	4.1	-37	-0.9	加
英利	3.6	-155	-4.3	中 欠债
第一太阳能	2.5	16	0.6	美

（※ 尖端工厂生产成本约 60¢/W）
1）出货量：富士总研
2）纯经济损失：第一太阳能公布资料 @PVSEC2016(数据来自各企业的年报)
3）由于以上各公司仅出售电池单元件，因此每 W 的数值仅为参考值
出处：基于“科学技术振兴机构—低碳社会战略中心”的资料数据制成

将在 2050 年成为主力选手的蓄电池是什么？

锂电池常用在电脑和智能手机当中，可以说是离我们日常生活最近的蓄电池之一。锂电池的基本结构是，以锂金属氧化物为主要成分的正极，以石墨化碳材料为主要成分的负极，正负极之间的隔膜，以上三件全部浸在有机电解质溶液中。充电时，正极的锂离子穿过隔膜流向负极嵌入石墨层当中；放电时，锂离子从负极石墨层中返回正极。

和太阳能发电配套使用的定置式蓄电池（Energy Storage System，ESS），必须要有强大的安定性和经济性。比起铅酸蓄电池和镍氢电池等旧有的蓄电池，锂电池的能量密度更高，使用寿命更长，充放电效率高达 90%。随着材料开发、生产技术进步，而且已经进入普及期，锂电池的售价也在降低，相对来说更容易导入使用。

目前家用蓄电池的售价可以参考图 4-4，再看图 4-5，售价是生产成本 13.9 日元 /kWh 的 10 倍，但是美国特斯拉公司 (Tesla）生产的蓄电池售价只有成本的 3 倍而已。今后，随着市场发展、生产规模的扩大和产品成品率的提高，以及新产品的开发，价格战将会更加激烈。

目前最普及的是锂电池，过几年很可能是 NAS 电池（钠硫电池）。这种电池的负极的主要元素是钠（Na），正极的主要元素是硫（S），所以被命名为“NAS”，正负极之间是高性能陶瓷材料的固体电解质。放电时，从负极流出钠离子和正极的硫结合形成多硫化产物。充电时，钠离子脱离多硫化产物向正极移动。充放电效率可以达到 80%。

NAS 电池的特征是具有高能量密度和较大容量。和一块容量相同的铅酸蓄电池相比，NAS 电池的大小只有铅酸蓄电池的三分之一，大量串联排列后可以应对兆瓦级别的电力储存需求，适用于大规模的太阳能系统。

还有一个值得注意的是氧化还原液流电池 (Redox Flow Battery）。它

图 4–4　家用蓄电系统的制造商及售价（2015 年 5 月）

制造商	产品型号	容量 [kWh]	价格 [万日元]	单价 [日元 /Wh]	实际价格（含补助金）[日元 /Wh]
夏普	JH-WBP07A	4.4	107	240	150
松下	PLJ-25522K	5.6	119	210	135
ELIIY Power	EPS-11	6.2	131	210	130
NEC	EPS-H-002006B2A	5.53	123	220	140
特斯拉	Powerwall	10	41	41	—

特斯拉产品 LCS 成本计算值：15 日元 /Wh（电池 13，BOS2）
出处：基于“科学技术振兴机构—低碳社会战略中心”的资料数据制成

图 4–5　锂电池的现状与未来

			现状	2020 年	2030 年
			LiNi-C 系电池	LiNi-C 系电池	Li-S 系
生产规模 [GWh/y]			1（10）	10	10
收获率 [%]			66（90）	90	90
能量密度 [Wh/kg]			250	340	530
活性物质（正极 / 负极）			$LiNi_{0.85}Co_{0.12}Al_{0.03}O_2$ / 石墨	$LiNi_{0.85}Co_{0.12}Al_{0.03}O_2$ / 石墨	S-C/Li
正 / 负极容量密度 [mAh/g]			200/300	270/380	1500/2900
正 / 负极实际容量与理论值的比			0.71/0.78	0.97/0.99	0.9/0.75
生产成本 [日元 / Wh]	非固定费	原材料费	10.2（7.5）	4.8	5.5
		社会贡献费	0.5（0.4）	0.4	0.1
	固定费		3.2（1.7）	1.4	1.0
	合计		13.9（9.6）	6.6	6.6

出处：基于“科学技术振兴机构—低碳社会战略中心”的资料数据制成

使用的是装入了正负极之间存在电压的电解液的容器，两极之间存在电解槽，由配管和泵连接。用于电极中的活性物质在历史上有很多种类，但是现在使用最多的是在正负极都可使用的钒。

其他蓄电池依靠电极接受不同的离子进行充放电，但是氧化还原液流电池依靠电解液的氧化还原反应进行充放电，所以电池容量较大。也就是说，维持性能不变的情况下可以长期使用。但是，氧化还原液流电池的充放电效率只有 75%，而且能量密度也不高，所以不适用于小规模供电系统。它的优点是几乎不会有电池过热失控或着火的风险。

用途多样，市场明朗

在前面我粗略介绍了三种蓄电池，接下来我想谈一谈充放电效率最高的锂电池的未来。图 4-5 是锂电池的现状与未来的情况预测。现状是，每千克能量密度 250 Wh 的镍（Ni 系）电池的生产成本是 13.9 日元 /kWh。到了 2020 年，技术水平提升，预计能量密度将会达到 340 Wh/kg，生产成本降至 6.6 日元 /kWh。到了 2030 年，锂电池中的活性物质得到改良，预计生产成本会降至 5.2 日元 /kWh。

锂空气电池和普通的锂电池不太一样，它不使用金属化合物，而是依靠金属锂和空气中的氧发生反应来发电。由于它的能量密度较高，能够实现小型轻量化，所以在汽车行业受到关注。日产（NISSAN）的电动车“LEAF”搭载的锂电池重量只有车身重量的 20%，无论在重量还是成本上，效率都不算太高。电动车需要的是能量密度能达到现有水平 3 倍的车载电池。如图 4-5 所示，尽管在 2030 年依然达不到要求的水准，但是在 2050 年之前有可能能量密度会超过 700 Wh/kg。到那时，如果日本国内有 200 万台电动车投入使用，那么单靠电动车就能够开拓出 100 GWh 的巨大蓄电池市场。

一方面，家用蓄电池和电源用蓄电池对于蓄电池物性的要求没有汽车蓄电池那么严苛。电源用蓄电池将来会发展到400万～700万台，市场规模将是电动车的数倍。蓄电池还可用在机器人等产品上，所以蓄电池的市场前景一片明朗。

以上就是对太阳能电池、蓄电池的现状和未来情况的定量计算结果。想要扩大市场就必须要考虑它的经济性，对此，必须要提高效率和性能。研究和开发的课题已经非常明确，来自世界各国的众多研究人员、技术人员正在忙于解决这些课题。虽然企业之间竞争激烈，但是这是一块在今后数十年都会持续扩大的市场。

接下来我将介绍常用品，也就是与通用物品相关的、具有深远意义的企业战略。美国第二大石油化工企业巨头陶氏化学公司（Dow Chemical Company）就非常擅长研发制造常用品。以下是它的战略要点：

1. 力争第一，至少要在业内占据前三；
2. 品质与生产成本一定要在业界领先，哪怕只是小小的领先；
3. 为了达到以上两条目标，无论在多么恶劣的经济环境下都要持续投资；
4. 如果以上三条全部做到，即使失败也不应当被指责。

凭借以上四条，陶氏化学在常用品领域确立了优势位置。太阳能电池和蓄电池，在以前也许被归类在高功能产品当中，但是今后都会被归入常用品一类。技术开发必不可少，但是陶氏化学的经营战略更不可少。我很期待日本的公司能在这个领域具备与之抗衡的能力。而且，我也衷心希望今后能够出现比本书中预测的技术更为先进、有效的技术。

地区水力发电普及的征兆

日本虽然是个资源短缺的国家，但是水资源丰富，完全可以达到

100% 自给自足。水力发电不需要用到化石燃料，水力是可再生资源。现在的主流是大规模开发，建造大型水力发电设施，但是这在日本很难。

然而，如果是建造小型水力发电设施，那还是绰绰有余的。只要输出规模在 1 万 kW 以下，试算一下，它的潜力大约是全国 1000 万 kW。相当于普通电气企业发电设备总容量 2.436 亿 kW（2010 年）的 4% 左右，大规模水力发电量的 80%，以及 10 座核电站的发电量。

小型水力发电设施需要在有水位落差的地方安装推进器，依靠推力发电，建造地点可以选择在有一定水流量的上下水道管、河川或农业水道等。之前，有人质疑小型水力发电的可行性，但是之所以没有广泛普及，是因为成本问题。小型水力发电的优势在于对选址的要求不那么严苛，但是也有它的劣势。在不同的地点，水的流量、流向、周边环境等条件都有所不同，这个时候就不得不改变推进器的形状或尺寸。建一所 10kW 的发电站，即使设备都是自制的，那也很不划算。

反过来想，如果在地理环境类似的地方，设置可以通用的推进器，是不是会变得划算一些呢？

实际上已经有人采取了新的行动。游戏设计界有名的日本 Imagineer 公司联合土地改良地区，在农业水道上开展了扩大小型水力发电的计划。根据这家公司的 CEO 神藏孝之先生的说法，他们在宫城县开展了实证试验，在富山县正在讨论导入 500 ～ 1000 kWh 规模的小型水力发电站。

小型水力发电在某种程度上和农业水道非常类似，只需要制作 3 到 4 个推进器，就可以供多个地点安装使用。但是，推进器产生的交流电转换成直流电之后还需要再一次转换成交流电，要想实现系统联合，还要克服较高的技术障碍。为了提高转换技术，安川电机公司 (Yaskawa Electric Corporation）联合一些大学正在做共同研究。

为了推广小型水力发电，除了要跨越技术障碍，还需要躲避规章制度的限制。由于农业水道最初是为了农业而设置的，涉及相关供水人员。如果用它来发电，一旦影响了农业生产，就会有人提出反对意见。

神藏先生的项目是联合土地改良地区，这是非常关键的一点。同一个地区的居民、自治体以及农业相关团体的工作人员平时互相都有来往，通过这一层关系，更容易获得地区支持。而且，发电设备的维护管理也委托给了土地改良地区负责。平时是无线远程管理发电设备，但是一旦设备出现故障，他们就会马上派出在土地改良区的自家公司员工火速赶到现场。

小型水力发电实现了技术和制度的改善，对资源的自产自销做出了贡献。虽然只是一小步，但是积累下去，就会变成改善社会的一大步。

照片 4–1　使用农业水道的小型水力发电（照片来源：日本 Imagineer 公司）

生物能的潜力

生物能和水资源都可以实现较高的自给率。

在倡导“展望 2050”的 1999 年，世界开始注意到生物能的潜力。

最近已经完全听不到这样的声音了，原因就在于生物能在经济上不是很合算。建筑用的木材每立方米售价 5 万日元，燃料用的木材和煤炭差不多都是每立方米售价 5 千日元，后者几乎是前者的十分之一。如果只是为了获取生物能而大规模运营农场的话在经济上就太不划算了。

因此，生物能淡出了人们的视野，但是最近又出现了一种新的可能性。日本为了重振林业，很有可能会扩大对生物能的使用。

现在的情况是，日本的林业已经竞争不过海外国家了，变得越来越弱势。日本林业的主要产物是建筑用木材，这些木材还没有达到森林资源整体的 20%，剩余 80% 根本得不到利用。我注意到了生产建筑木材时产生的剩余木料，它们本来就是裁下来的边角料，成本也很低。如果让剩余木

照片 4-2　学习瑞典的大规模林业

料成为生物资源，即使价格低到煤炭的水平，也比直接丢弃赚不到一分钱要好得多。

之前我听说过，有人倡导把边角料作为生物资源利用起来。但是，要加工成燃料并且出货，必然需要相应的设备投资，如果缺少资金链，就无法确保能长期赢利。

我们可以向瑞典或奥地利这些林业发达的国家学习如何成功构筑供应链。白金构想网络组织里的智能林业工作小组，构筑了一条木材利用的供应链，并且讨论了关于林业振兴的话题。第六章里我也会谈到，林业是关乎国土强化和与自然共生的极其重要的产业。的确，很难重振已经弱化的产业，但是振兴林业作为资源问题和环境问题，国家有责任解决其中的困难。

可再生能源的搭档——氢气

太阳能、水力、生物能等可再生能源几乎都可以被转化成电，为人类的日常生活提供便利。电本身不属于自然能源，但是它便于使用，今后也会越发重要。

氢气和电本身不属于自然资源，但是它们作为自然资源的媒介，使用时非常便捷。例如，和太阳能发电这种发电量不太均衡稳定的发电方式组合起来，在发电量大的时候使用电解水制氢。就像蓄电池那样，把电气能量储存在氢气中。

氢气可以被储存在气罐中，氢气罐并不像蓄电池那么重，因此易于搬运和保存，即使发电的地方（制造氢气的地方）和用电的地方相隔一定距离也不成问题。氢气既可以辅助燃料电池运转，也可以和天然气混合起来在火力发电时派上用场。

最近，人们开始用褐炭，也就是未完全燃烧的木材，来提炼氢气。褐炭是数千万年到 1 亿年前的植物碳化形成的资源，煤炭是 3 亿年前的植物形成的，褐炭被叫作“年轻的煤炭”，但是不像煤炭那么容易使用。褐炭含水多且重，运输成本高，物性也不稳定，一旦干燥就容易自燃。

我想，不如就让褐炭在开采地的旁边发生化学反应（气化技术），从褐炭中提炼氢气。由于提炼过程中会产生一定的二氧化碳，所以先回收二氧化碳再采取 CCS 技术（碳捕获与封存，Carbon Capture and Storage）把它封存在地下。川崎重工业株式会社正在开展一个项目，从澳大利亚的维多利亚州开采的褐炭中提炼出氢气，进行运输。开采地附近有即将枯竭的天然气田，这里可以利用 CCS 技术。这个构想的巧妙之处在于，以低品质的煤炭为原料，无须排放二氧化碳就可以获得氢气。

同时，川崎重工也在开发一种只烧氢气的燃气涡轮火力发电设备。氢气燃烧只产生水，所以从褐炭开发开始，这一连串的供应链完全做到了二氧化碳零排放。

照片 4-3　澳大利亚的褐炭采矿场与“年轻的煤炭”褐炭（照片来源：川崎重工业）

4-2 理论与信息技术掀起的革新

追求极致效率

从整体上看，目前的确正在朝着“展望 2050”指明的方向前进，但是如果想实现能源利用率达到 3 倍、可再生能源达到 2 倍、建立物质循环系统这 3 个目标，那就不能安稳地维持现状，必须要革新技术。科学家和技术人员们苦心钻研，这些埋头于技术开发的人，问心无愧地说“已经达到了最高效率”“我们已经尽最大努力了”。正是因为前人打破了这一层“壁垒”，我们才打开了新世界的大门。

举一个典型的例子就是公害对策。20 世纪 50 年代以来，随着经济发展，公害问题也蔓延开来，日本和德国都制定了严苛的环保政策。严格遵守环保政策导致工厂的生产率下降，很多人说这样做会伤害到经济发展。的确，维持现有技术的话将来很难跃过这道坎。但是，为了对抗公害，经过一番苦心研发，研究人员找到了多种解决方法，既没有触犯环保政策，而且还提高了工厂的生产效率，增加了企业的竞争力。

在 1978 年，针对汽车尾气导致大气污染日益严重的问题，日本推出了日本版的《马斯基法案》(汽车尾气管制)，要求把氮氧化物的排放量减少 90%。人们纷纷摇头说这么高的目标简直是做梦。但是日本的厂商认真应对，结果真的做到了。之后，尽管世界环境政策逐步严峻，但日本依靠自己的技术能力也存活了下来。

革新诞生于一个不可能完成的目标当中。设定目标时要注意，虽然旁人可能乍一看觉得不可能实现，但自己知道这不是信口开河、无理可循的。

在物理现象中存在理论值。

1990 年，笔者所在的研究团队对未来的空调技术进行过预测。空调使用了热泵技术，利用室内外的温差吸放热量。它的能量利用率可以用制冷系数（Coefficient of Performance，COP）来表示。1990 年以前消耗 1 kW 的电会获得 3 kW 的冷量，也就是说制冷系数为 3。

制冷系数的理论极限等于“室内温度 / 温差”，这里说的温度指的是摄氏温度加 273 得到的绝对温度。如果室内温度是 28 摄氏度，室外温度是 35 摄氏度，那么制冷系数就等于（273+28）/（35−28）=43。也就是说，可以从室内吸出相当于消耗掉的电气能源的 43 倍的热量。这个 43 虽然只是理论值，但是和 1990 年以前的 3 相比，已经是非常大的突破了。这里面存在很大的革新空间。

在 1990 年，我们的团队预测，到 2050 年，制冷系数可以达到 12。制冷系数提高 4 倍意味着效率也要提高到之前的 4 倍。当时，制冷机厂商的技术人员提出强烈的反对意见，但是通产省（也就是现在的经济产业省）的委员会完全没有理睬他们。我们的团队非常有信心，预测的时候甚至讨论到了空调压缩机中电磁石的效率改善问题。当时的压缩机消耗的电量是理论值的两倍，我们认为如果采用效率更高的磁石就能够解决问题。另外，我们还考虑到了流体力学技术和润滑油技术等，以及其他各种细枝末节，得出了这样一个判断：在理论值是 43 的情况下，实际上制冷系数达到 12 绝非天方夜谭。

后来种种结果证实，我们的判断大致是正确的。在制冷系数只有 3 的 1990 年，人们认为“展望 2050”提到制冷系数达到 12 是不可能完成的高目标，但是到了 2010 年就达到了 7，今后这个数值也会不断提高。参考了各方数值后，经济产业省把 2050 年的目标值设定为 12。这件事情告诉我们，在做预测时不能只参考以前的情况，重要的是要结合理论与现实技术来进行技术预测。

要想引发技术革新，就必须要在合理的范围内设立一个更高的目标。

图 4-6　制冷能量的十二分之一

空调的制冷系数

1990 以前	1997	2004	2006	2010	展望 2050	理论值
3	4	5	6	7	12	43

出处：《日本再创造》

通过能源管理系统实现效率化

2016 年春季，日本电力零售开始实现全面自由化。电力公司一改往日传统，认为有必要导入兼具通信功能的智能电表（smart meter），于是开展了拆除旧表、更换新表的活动。经济产业省也制定了新的方针，目标是在 21 世纪 20 年代向所有家庭导入新型智能电表。智能电表在未来会持续普及。

智能电表可以每隔 30 分钟计算一次用电量，还具备发送数据的通信功能。除了可以节省电力公司上门抄表的工夫，还可以活用大数据开发多种收费体系，设定价格，从而进行供需调整。

智能电表的优点就在于可以实时掌握耗能动向。智能电表的数据可以和 HEMS（家庭能源管理系统，Home Energy Management System）联动起来。HEMS 可以把家电设备，包括照明设备、空调、太阳能发电系统、家用燃料电池、热水器、电动汽车等所有设备通过网络连接起来，从而实现耗能最优化。通过耗能信息可视化，住户可以清楚地看到自家的用电情况，“比起其他家庭，我们家的电用得更多一些”“这个时间段的用电竟然比想象中要多”，从而帮助各个家庭增强节能意识。这些信息也可以帮助用户结合自身情况选择合适的套餐。

另外，HEMS 还有一大特征就是可以控制机器设备。为了打造舒适的环境，照明与空调要达到绝佳平衡，通过观察蓄电余量，把耗电较多的家电设备切换至省电模式，实现整体最优化。通过太阳能发电启动 EcoCute 热水器，可以同时获得热水和电，合理管理能耗，实现节能环保。

与 HEMS 类似的能源优化管理系统还有适用于办公大楼的 BEMS（建筑物能源管理系统，Building Energy Management System）、适用于工厂的 FEMS（工厂能源管理系统，Factory Energy Management System）。而且，在 HEMS/BEMS/FEMS 集成使用的地区还建立起了 CEMS(集群社区能源管理系统，Cluster/Community Energy Management System)。

要想普及这些先进的管理系统，必须先解决一些课题，其中最大的课题就是价格问题。

爱知县丰田市是经济产业省指定的新时代能源、社会系统试验区，在这里实施的项目凭借能源的高度自给率引发了众多关注。

丰田市内有一部分新住宅区成了智能住宅区，安装了创能（3.6 kW 的太阳能发电）、节能、蓄能（包括电动车）设备，通过 HEMS 调控，家庭与电动车的耗能可以达到 70% 的自给自足。也就是说，家庭与交通能源的自给自足开始进入大众视野。

HEMS 的市场价大约在 20 万日元。根据不同的附加功能，价格也会有高有低，最便宜的只有 10 万日元多一点。买电脑或平板电脑都要花好几万日元，这么一看，HEMS 好像也不贵。

为什么价格如此亲民？因为企业在普及初期只想把开发费用回收到位。

我们知道优衣库的 HEATTECH 系列保暖内衣价格也是高技术、低价格。这款内衣的面料由优衣库与东丽公司（Toray）合作，在最初投放市场时并没有设定太高的价格，所以才有了产品的快速普及，而且也成了一个重磅产品。大规模生产可以降低成本，建议与低价格、大规模的销售网络联结起来。

对于低碳社会的实现而言，HEMS 的普及是一把重要的钥匙。

企业应当有这份勇气，以大量普及为前提，考虑供给体制，来设定价格。

日本应当靠高附加值产品来参与竞争

成本对于产品和服务的普及来说非常关键，让我们换个角度来看一看这个问题。

从图 4-7 中我们可以看到日常使用的产品单位重量的售价和一部分的成本。大部分产品的主要重量来自钢铁、铝、玻璃、塑料等基础材料，材料的成本是每克大约 0.1 日元到 0.2 日元。电风扇、洗衣机、冰箱等大批量生产的家电售价是原材料价格的 5 至 10 倍，轻型汽车和货车的售价也是原材料价格的 5 至 10 倍。

原材料成本与售价越接近，意味着附加价值越低，价格竞争也更激烈。从这个观点来看，太阳能电池组件与电风扇或家用货车全都被归在日常用品一类。

比起其他蓄电池，锂电池给人一种价格偏高的印象，但是从单位重量的价格来看，它和干电池也差不了多少。索尼公司和日产汽车公司决定退出锂电池市场，它们判断不久后就不需要投资自主研发自家产品需要的锂电池了，完全可以从市场上采购。但是，蓄电池市场还有很大的技术上升空间。看清了这个情况，做出合适的经营判断，就有可能扩大产业。

单位重量的售价远高于成本的高附加值产品的例子是大型燃气涡轮。燃气涡轮的产品设计、材料开发、制造技术都非常昂贵，因此售价可以达到原材料成本的 100 倍以上。系统更加复杂的航空器的附加价值就更高了。

在未来的低碳社会，机器人、传感器、电脑、医疗器械等硬件产品越来越多，随之兴起甚至大幅扩张的是可以辅助人们更加便捷使用这些硬件产品的服务行业。今后日本应该多在高附加值产品的领域发挥自己的长处。

说到 HEMS，在设定价格时以大量普及为前提，各公司依靠 HEMS 数据衍生的高附加值服务来竞争的模式是行不通的吧。例如，早期手机市场的硬件价格下跌，波及所有产品，从用户的使用费用中提高受益的模式就是不行的。从 HEMS 的数据中可以看出用户的起床和就寝时间，还有做饭、洗澡、兴趣爱好等，根据电气的使用情况推测出他们的行为模

图 4-7　产品单位重量的售价与成本

产品	售价（日元 /g）
手机	100 ～ 600
直升机（B787）	100
钟表	50~3000~
大型燃气涡轮	15 ～ 30
电脑	10 ～ 30
锂电池	6
电视机	4 ～ 10
私家车	1（轻型）～ 6（雷克萨斯）
冰箱	1
货车	0.8 ～ 2
洗衣机	0.8
干电池	0.7 ～ 4
风扇	0.7 ～ 3
太阳能电池组件	0.7 ～ 2

出处：基于“科学技术振兴机构—低碳社会战略中心”的资料数据制成

式。先不说用户个人信息的安全问题，正是因为这涉及用户的隐私，所以HEMS 服务不能算是日常用品，对此必须要建立一套高附加值的服务。

活用大数据，高度预测用户需求

日本进口的化石资源大约是 3 亿吨。其中，炼油厂需要 60%，发电站需要 25%，天然气公司需要 5%，其余就是炼铁要用的煤炭了。炼油厂、发电站、天然气公司并不是以消耗能源为目的，实际上，消耗能源的是前面讲到的“日常生活（交通、家庭、商用）”和“制造业”。炼油厂、发电站、天然气公司只是为了消费者能够便捷地使用能源，转换了能源的形态，所以它们也被称为能源转换部门。

如果能源转换部门对化石资源的转换率能够达到 100% 就好了。但是现实中，一部分化石能源在这里被浪费掉。先说火力发电，燃烧燃料产生水蒸气，水蒸气推动涡轮转动，但是如果不把另一方控制的气压降低，水蒸气就不会流动，所以在复水器中会有液化水蒸气的工序。在这里，大约 60% 的能量都释放在海水或空气中了。日本的火力发电效率在世界都处于领先水平，但是不能因此就无视其中巨大的浪费。除了火力发电，其他场合也会产生浪费，比如发电过程中和日常生活中的能源浪费，还有制造业的能源浪费，三者几乎各占能源浪费的三分之一。

为了减少发电过程中的能源浪费，除了提高发电效率，还有一个重要的对策就是预测电力消费量。电力公司在电力消费实际情况和气象预测（气温预测）的基础上，预测未来电力消耗情况，调整输出电量。如果发电量大于消费量，那么用不完的电就被白白浪费掉了；如果发电量小于消费量，那么就有可能引发供电不足，引起社会混乱。因此，电力公司经常在实际发电的时候输出比预测结果要多一些的电量。送出去的电力没有地方储存，这也是个难题。

我所在的研究团队在验证东京电力公司管辖范围内的电力消耗预测与气象台天气预报数据的时候，发现了好几个百分点的误差。为了消除这个误差，就不得不提高气象预测模型和消费电力预测模型双方的精度。如果气象预测模型的精度提高了，就很容易制订发电计划；如果需求预测的精度提高了，就更容易控制发电量。通过提高预测精度，有望减少能源浪费，削减数千亿日元的成本，因此有必要活用人工智能或者大数据，开发出高精度的预测模型。

图 4-8　东京电力公司管辖范围内的电力消耗预测值的误差情况

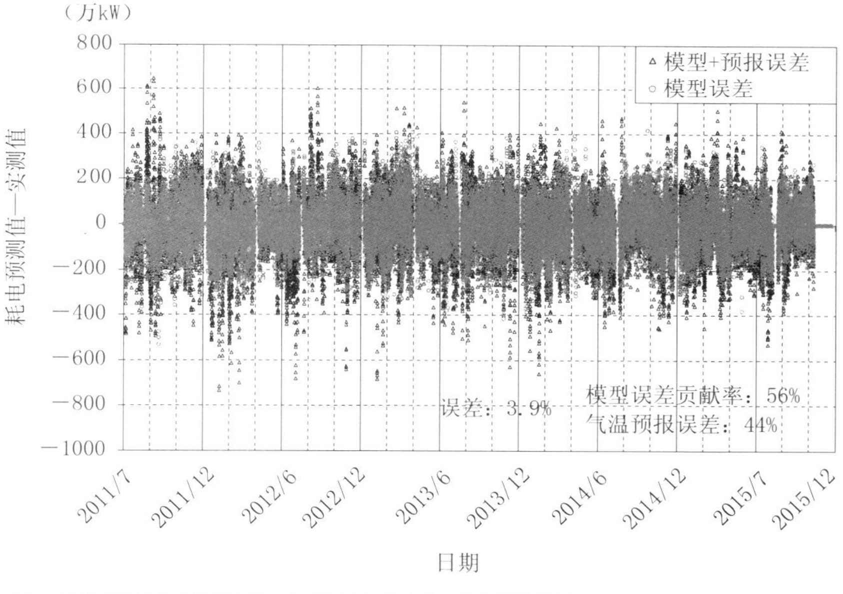

出处：基于“科学技术振兴机构—低碳社会战略中心”的资料数据制成

碳定价的可能性

有一个词叫作触礁资产，指的是价格随着社会环境的变化而下跌的资产。2013 年，非营利性质的碳追踪计划组织（Carbon Tracker Initiative，

CTI）和伦敦政治经济学院（The London School of Economics and Political Science，LSE）联合提出了这个概念，化石燃料资源成了触礁资产。

煤炭、石油、天然气的开发需要企业每年投资 6740 亿日元，10 年就要投资 6 兆美元以上。为了把地球的平均气温上升幅度控制在工业革命以前的 2 摄氏度以内，这些化石燃料资源的可采埋藏量的 60% ～ 80% 都无法使用，大部分都成了无效投资，所以叫它触礁资产。

2016 年 5 月，牛津大学表示，日本国内有许多煤炭火力发电站将有可能成为触礁资产。理由是，考虑到与其他电源的竞争以及既存煤炭火力的更新量，建设计划已经过剩了。有可能成为触礁资产的发电站的价值是 7 兆～ 9 兆日元。如果煤炭火力成了触礁资产，那就意味着电力公司做出了错误的经营判断。

错就错在企业在做决定时没有考虑到二氧化碳的排放成本。企业做决定时应当考虑碳定价，先决定排放的二氧化碳的价格，然后再考虑建设什么样的发电站。要想在短时间内给二氧化碳定价也不是简单的事情，但是，这是实现低碳社会的一个重要视点。

虽然“展望 2050”提出的目标是通过技术进步独自推进低碳化进程，但是一旦碳被定价，那么变化的速度就会加快。混合动力汽车就是低碳价值的代表性例子。消费者在购车时，虽然会觉得车的售价略高，但是结合燃料费用等，综合考虑下来还是划算的。

如果要征收“碳税”（指对二氧化碳的排放按量征税），尽可能在开采地征收比较好。当煤炭 3 倍、石油 2 倍、天然气 1.2 倍时，根据排放量设定税率就简单多了。或者可以根据对 GDP 的贡献程度来调控税率。至今，世界上已经有 38 个国家导入了各种形式的碳定价，日本可以多方学习一下。

第五章
2050年的低碳社会

在前面的章节我们围绕能源相关活动的技术可行性、量化可行性、价格竞争力等各问题做出了讨论。把这些统合起来，是否能够在打造一个低碳社会的同时又促进经济增长呢？接下来我想讨论的就是这一构想的可能性。

在本章，将通过各种讨论的结果，模拟出日本的低碳化和GDP共同发展的样态。

5-1 2050年的低碳电源系统

实现低碳化的办法

在第 21 届联合国气候变化大会上，日本提出了一个长期目标——将在 2050 年，使二氧化碳排放量比 2013 年减少 80%。正如第四章里所说，虽然各个领域都在努力节能减排，但是如果想达成减少 80% 这样的高目标，就非从电源结构上下功夫不可。

从发电源头大幅缩减二氧化碳的排放，有以下几个方法：

① 降低发电量；

② 提高发电效率；

③ 提高单位发热量下排放二氧化碳量较低的天然气燃料利用率；

④ 在化石燃料发电时，加入二氧化碳的捕获与封存工序（CCS）；

⑤ 提高可再生能源利用率；

⑥ 提高核能发电利用率。

按照这个顺序依次看一下。

方法①提到了发电量。自东日本大地震以来，发电设备逐渐转变成高效率电化产品，目前发电量已经降低了10%。现在每年的发电量控制在1000 TWh以内，今后还会持续降低。假设每年可以降低1%，那么到2050年，就可以降低到每年650 TWh，比现在要低30%。汽车和热水供应通常会用到化石燃料产生的热能和化学能，虽然这些能源将逐渐被电力替代，用电需求增加，但全年的发电量依然不会超过800 TWh。

方法②提到了发电效率。在未来会被大量使用的太阳能发电的效率将会达到目前的1.5倍，占比30%。天然气也可以和燃料电池组合发电，发电效率有70%的可能会达到现有水平的1.2倍以上。方法③，比起煤炭，天然气的二氧化碳排放量要少50%，虽然用量占比还不够高，但是在要求减排80%的环境下，天然气也不太可能会成为主要电源。方法④中提到的CCS，虽然受到经济条件和选址条件的限制，但是未来仍然存在实施的可能性，有讨论的价值。方法⑥，从目前的情况来看，核能应该不是主要的电源。

综合考虑，在将来有希望成为主要电源的还是“展望2050”中明确提出的可再生能源。下一节我们将以采用了大量可再生能源的电源为中心展开讨论。

减排80%与发电成本

图5-1是将在2050年普及的系统性发电成本与二氧化碳排放量的一览表。根据它们的普及速度推算出2050年可再生资源的值，使用了第四章中提到的2030年技术水平的数值。在2050年的电源中将会导入大量太阳能发电和风力发电。但是，太阳光和风力容易受到天气的影响，稳定性较差，为了保证电力供需的平衡，必须要有蓄电系统。

在天气波动较大的夏季，电力需求供给的平衡方案可以参考图5-2。如果只需要供电并维持电力需求的平衡，那么只需要导入蓄电池就足够了。但是，如果要考虑到应对数十毫秒需求的频率控制和紧急停电，那么就有必要导入装有涡轮机等旋转设备的电源，这个必要性有 50%。[1] 通过设计电子栅极和开发新型控制系统，有望将二氧化碳排放量控制在 50% 以下，但是在这里我们考虑的是电源的 50% 以上都是旋转式发电系统的情况。

能够确保旋转式发电机稳定发电的电源，主要有火力、水力、核能、地热、生物能发电。其中，常见的方法是地热发电，即利用在地下较浅的地热储层中的热量，但是人们担心这样会影响到温泉地区，所以开始关注地下深层的高温岩体。使用高温岩体发电有助于降低发电成本，美国正在如火如荼地开发相关技术。在技术层面上虽然难度不高，但是在实用性方面，还需要进一步的调查研究。在日本，2050 年之前建成每年 100 TWh（13 GW）的发电系统指日可待。

另一方面，目前很难预测到 2050 年的核能发电情况。也就是说，在众多稳定电源当中，核能与地热能存在的不确定因素较大。因此，在这

图 5-1　发电成本（日元 /kWh）与二氧化碳排放量（g-CO_2/kWh）

	2013		2030		2050	
	成本	CO_2	成本	CO_2	成本	CO_2
核能	8.8	20	8.8	20	8.8	20
水力	10.8	11	10.8	11	10.8	11
煤炭	7.7	943	7.8	881	7.8	881
液化天然气（LNG）	10.8	473	11.4	430	11.8	430
石油	16.7	738	17.9	738	18.9	738
太阳能	16.0	38	9.5	15	5.7	15
风力	14.1	25	10.2	25	10.2	25
地热	12.5	15	12.5	15	8.0	15
生物能	33.6	5	10.9	5	10.9	5

出处：基于“科学技术振兴机构—低碳社会战略中心”的资料制成

① 新能源行业技术综合开发机构，《NEDO 可再生能源技术白皮书 面向可再生能源普及扩大应当克服的课题与处方笺 第 2 版》，2014，P.635，森北出版。

图 5-2　夏季电力供需蓄电模型

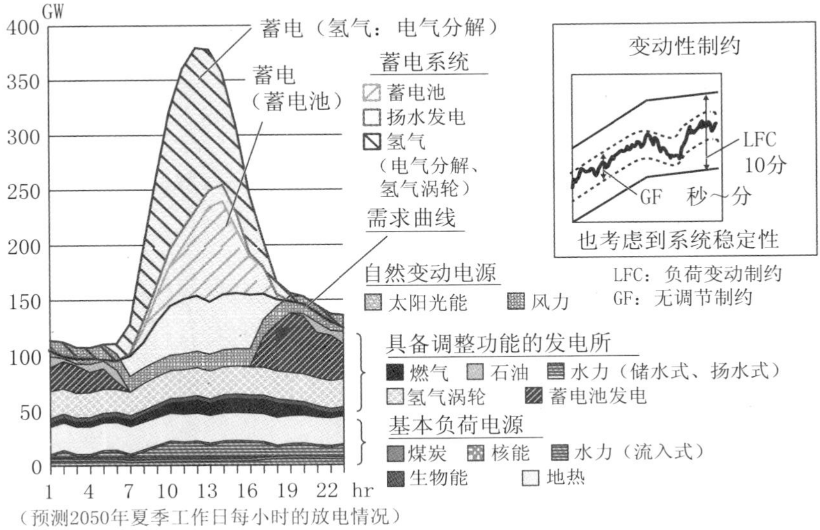

出处：基于“科学技术振兴机构—低碳社会战略中心”的资料制成

里，我们把全年发电量设为 600 ～ 1200 TWh，来讨论一下发电量能达到多少，以及是否有使用核能和地热发电的必要。然后，来试着思考一下当二氧化碳排放量减少 80% 时的最低发电成本。由于核能与高温岩体的单位发电成本以及二氧化碳的排放量是差不多的，所以无论如何改变电源的比率构成，都可以使用它们的发电总值来推算对所有电源成本的影响。

思考最优的电源结构

图 5-3 以全年发电量、电源结构、二氧化碳削减率为变量，比较了各种情况下的发电成本。就像前面所说，预测 2050 年的耗电量为全年 650 TWh，这个数值在图 5-3 中看来，实现的可能性较高，我们把全年电力需求量设定为 700 TWh，将其作为基准值。并且，在略微低于基准值的 600 TWh 到高于基准值的 1200 TWh 这个区间里，设定了多种模式

来计算发电成本。

方案 1、2、4 把全年电力需求量设定为 600 ～ 1000 TWh，二氧化碳排放量削减了 80%，在这些方案中没有考虑核能发电和高温岩体发电。但是如果需求量在 800 TWh 以下，无论哪个方案，发电成本都是 11 日元 /kWh 左右。如果想略低于现状，那么即使没有核能发电和高温岩体发电，发电成本也会比现在的 12 日元 /kWh 要稍微便宜一点。

方案 5，电力需求设定为 1000 TWh 时，发电成本升高至 18 日元 /kWh。即使节省下 20% 的电力，发电成本和二氧化碳的排放量都会得到一定程度的削减。

方案 3 和方案 2 对发电的需求量是相同的，但是方案 3 中对于二氧化碳排放量削减的目标提高到了 90%。此时发电成本升高至 16 日元 /kWh。

方案 6 和方案 5 对发电的需求量和对二氧化碳的减排目标是相同的，不同的是高温岩体发电量被设置为 200 TWh。通过增加稳定的可再生能源，煤炭火力（虽然二氧化碳的排放量高于液化石油气 LNG，但是发电成本低）的比率可以提高，因此发电成本能够得到最大幅度的降低。

方案 7，电力需求达到 1200 TWh 时，即使二氧化碳排放量削减到 70%，发电成本还是会一下子膨胀起来。

另外，发电总量比起电力需求量要多一些，是因为在计算时将成本设定为最低。为使剩余发电量为 0，使用了蓄电池和氢气发电，但是由于它们的成本较高，废弃掉剩余的部分才会比较便宜。虽然制造氢气时用到的太阳光和风力发电的成本为 0，但是电解装置和输送也会产生费用。方案 3、5、7 包含了氢气发电在内的所有稳定电源，发电成本较高。

综上所述，如果采用方案 1、2、4 的电源结构，不导入核能和高温岩体，不提高发电成本，到 2050 年就很有希望达成将二氧化碳排放量削减 80% 的目标。

图 5-3　2050 年各种电源的成本与 CO_2 的削减率

方案		1	2	3	4	5	6	7
电力需求量（TWh）		600	700	700	800	1000	1000	1200
全年发电量（TWh）	核能	0	0	0	0	0	0	0
	水力	130	130	130	130	130	130	130
	煤炭	100	28	0	0	0	14	0
	液化石油气	19	166	97	224	211	190	330
	太阳能	373	398	544	494	746	500	746
	风力	8	8	7	9	38	24	124
	地热	12	12	12	12	12	12	12
	地热（高温岩体）	0	0	0	0	0	200	0
	生物能	30	31	31	31	31	22	31
	合计	672	772	822	900	1169	1092	1373
蓄电池容量（GWh）		423	466	666	631	780	621	795
氢气使用量（TWh）		0	0	53	0	118	0	119
发电成本（日元 /kWh）		10.8	10.8	16.1	11.0	18.4	9.9	17.3
全年 CO_2（Mt-CO_2）		113	113	57	113	113	113	170
CO_2 削减率（与 2013 相比）		80%	80%	90%	80%	80%	80%	70%

出处：基于“科学技术振兴机构—低碳社会战略中心”的资料制成

5-2 主要领域的低碳化

附加价值与低碳

使用能够将二氧化碳排放量降低 80% 的低碳电力，如何来打造低碳社会（白金社会）呢？我们使用 COP21 上规定的日本二氧化碳排放量基准年 2013 的数据来进行思考。

到 2050 年，二氧化碳排放量减少 80%，意味着从 12.54 亿吨当中削减掉 10.3 亿吨，排放量降低至 2.5 亿吨。另外，如果 GDP 全年经济增长率控制在 0.4%，那么就要比现在的水平高出约 80 兆日元，达到 600 兆日元。如果换算成 1 兆日元 GDP 的二氧化碳排放量，那么一兆日元的二氧化碳排放量就会从现在的 240 万吨大幅削减至 42 万吨。

图 5-4 表示的是 2013 年各行业二氧化碳排放量、附加值和每兆日元附加值要产生的二氧化碳排放量。二氧化碳排放量高的是电力部门，占总排放量的 45%，排放量是 5.67 亿吨，由于其中大部分由各产业部门占据，所以就不在这个图中表现了。但是，就像上一节中所说的那样，电力部门的二氧化碳排放量降低 80%（4.54 亿吨）也是有可能的。

图 5-4　各行业的 CO_2 排放量（2013 年）

行业、家庭	CO_2 排放量（百万吨）	附加价值额（兆日元）	每 10 亿日元附加价值的 CO_2 排放量（吨）
农林水产业	4.2	6.45	654
矿业等	2.5	0.35	7164
建筑业	12.3	31.48	390
食品饮料制造业	21.1	15.39	1369
纤维工业	12.2	2.26	5396
木制品・家具工业	2.6	0.70	3658
纸浆・纸・纸加工品制造业	23.7	2.37	10 013
印刷・相关行业	2.8	2.68	1048
化学工业	82.0	800	10 248
石油产品・石油产品制造业	3.0	4.37	683
塑料・橡胶・皮革产品制造业	10.0	1.46	6850
水泥・平板玻璃・石灰制造业	45.7	3.10	14 765
钢铁业	199.8	5.95	33 578
非铁金属制造业	8.0	1.60	5004
金属产品制造业	7.3	5.46	1333
通用机械器具制造业	2.3	11.23	205
生产器械器具制造业	4.0	2.86	1411
商用器械器具制造业	4.0	1.51	2675
电子元件电路制造业	10.4	5.60	1865
通信机械器具制造业	2.3	128	1818
运输机械器具制造业	14.8	13.00	1140
其他产品机械制造业	4.0	1.93	2082
其他制造业	1.5	5.26	292
电气燃气供热供水行业	10.6	9.12	1167
信息通信行业	20.6	28.83	716
运输业・邮政业（不含自家用车）	259.2	26.55	9760
零售批发业	63.3	70.97	893
金融保险业	2.5	23.48	107
不动产业・房屋租赁业	18.5	66.35	279
学术研究・专业・技术服务业	5.6	0.28	20 263
住宿餐饮服务业	48.8	14.08	3470
生活相关服务业・娱乐行业	33.1	13.59	2439
教育・教辅行业	17.8	0.68	26 121
医疗・福利	29.1	36.79	790

（续表）

行业、家庭	CO_2 排放量（百万吨）	附加价值额（兆日元）	每 10 亿日元附加价值的 CO_2 排放量（吨）
复合型服务业	0.6	27.06	23
其他服务业	35.0	11.20	3126
公务	4.5	59.83	76
家庭	224.1	0	—
合计	1254	523	2400

出处：基于“科学技术振兴机构—低碳社会战略中心”的资料制成

在需求部门，家庭的二氧化碳排放量占全体的 18%，排放量是 2.24 亿吨。在家庭中采用节能和新型电源结构，有望将二氧化碳的排放量减少 80%，也就是减少 1.79 亿吨（电力的部分是 1.29 亿吨）。交通部门如果减少 80%，也相当于减少 1.96 亿吨（电力部分 800 万吨），所以合计有望减少 3.75 亿吨。

因此，还需要从其他的行业部门（可以削减 3.17 亿吨）削减 3.11 亿吨的二氧化碳。

钢铁行业的理想状态

在工业部门中，排放二氧化碳最多的是钢铁部门。正如第二章所说的那样，全世界今后还需要 400 亿～700 亿吨的新钢材。 由于日本产的钢材品质高，节能技术水平高，到 2050 年，新钢材的一部分很有可能将由日本制造。由于要生产出口用的钢铁，二氧化碳的排放量会增加，但是很难把这些二氧化碳转移给钢铁进口国。到 2050 年，目标是二氧化碳减排 80%，在思考这个问题的时候不能忘了钢铁出口带来的负荷。

在 2013 年，钢铁部门的全年二氧化碳排放量为 2 亿吨，如果在 2050 年要削减掉 80%，那么相当于削减到 4000 万吨。在目前的二氧化碳排放量中，电力造成的排放量是 5100 万吨，如果在将来使用低碳电源，就有可能实现削减 80% 的目标。然而如何削减其他的排放量，这是一个课题。

像这样大幅削减之后，2050 年钢铁行业的状态将会是这样的：

钢铁制造的方法主要有两种，一种是以铁矿石为原料的高炉炼铁法，还有一种是以废铁为原料的电炉法。图 5-5 是 2013 年和 2050 年钢铁行业的模拟情况。可以从中看到未来钢铁的供需情况，以及二氧化碳排放量。

2050 年有以下 5 个可能：

① 使用电力，削减 80% 的二氧化碳排放量；

② 通过循环利用废铁，电炉法的生产量是现在的 2 倍；

③ 电炉法实现 20% 的节能；

④ 高炉的产量大幅降低；

⑤ 钢材出口量大幅降低。

我们将以上 5 点作为前提，对 2050 年的 2 个方案做出计算。另外，目前电炉法制造的钢铁无法用来制造汽车上的薄板和大口径的管道。现在正在开发新的技术，以便制造出物性更好、用途更广的钢材。

方案 1 的前提是减少国内需求，并把钢材与高附加值产品结合出口，将全部供给量设定为 8000 万吨。另外，通过电炉法生产的钢铁量翻了一倍，达到了 5000 万吨。电炉法能实现 20% 的节能。在这种情况下，二氧化碳总排放量是 6400 万吨，并没有达到相对于 2013 年降低 80% 的目标。

方案 2 的前提是减少出口需求。高炉法的钢铁产量为 1700 万吨，生产量总是 6700 万吨。二氧化碳总排放量是 4000 万吨，达成了相对于 2013 年降低 80% 的目标。

要想方案 1 达成目标，就必须再减少 2400 万吨二氧化碳排放量。为了达到这个目的可以采用碳捕获与封存法（CCS），回收高炉法排出的二氧化碳。如果将 CCS 的成本设定为回收每吨二氧化碳 400 日元，那么全年费用将达到约 960 亿日元，如果高炉法全部使用这个方法，那么每吨钢铁的成本会升至大约 3200 日元。今后有可能生产出高附加值钢铁来平衡掉增加的成本。

比较现实的是方案 2，电炉炼铁量翻倍，未来的目标就是将高炉炼铁量减少约 80%。如果方案 2 能够成为现实，那么有希望达到二氧化碳减排 80% 的目标。

另外，在这个方案中，高炉法的电力来源以外的二氧化碳排放量和目前的情况相同。如果持续改善生产制造工程，那么就有望提高高炉炼钢的产量。

图 5-5　现在、未来的钢铁供需与 CO_2 排放量的方案

		2013 年（CO_2 排放量 190Mt）	2050 年（CO_2 排放量减少 80% 至 40Mt）	
			方案 1	方案 2
		钢铁（CO_2 排放量）	钢铁（CO_2 排放量）	钢铁（CO_2 排放量）
供给		121（200）	80（64）	67（40）
明细	高炉法	86（185）	30（54）	17（30）
	电炉法	25（15）	50（10）	50（10）
	进口	10	0	0
需求		121	80	67
明细	国内	58	40	37
	钢材等出口	42	20	10
	产品出口	21	20	20

单位：百万吨

出处：基于“科学技术振兴机构—低碳社会战略中心”的资料制成

5-3 日本的二氧化碳排放量削减80%

2050 年各部门的低碳化

虽然很难将家庭、交通运输、钢铁三个部门的二氧化碳排放量减少 80%，但是仍有实现的可能。这三个部门的二氧化碳排放量占据日本总排放量的 53%，必须要想办法把其他部门的排放量减少 80%。

图 5-6 表示的是，基准年 2013 年和达成二氧化碳排放量削减 80% 的 2050 年的各部门的二氧化碳排放量的情况。其他部门的总排放量（每年排放 5.86 亿吨二氧化碳）当中，有 60% 来自电力，因此将来有可能削减 80%。重点在于其余的 40%。应当将使用化石燃料所排放的 2.35 亿吨削减至 4700 万吨。这个目标可以通过节省能源与增加电力使用比率来实现。必须要不断扩大经济活动，促进低碳技术与系统的进步，实现变革，推动行业结构改变。

为了方便俯瞰整体情况，我们准备了以下三张图表（图 5-7-a/b/c）。透过这三张图表，我们来看一下 2013 年日本各部门的二氧化碳排放量与其附加价值。

图 5-6　2013 年与 2050 年实现了 CO_2 排放量削减 80% 的 3 大部门（家庭、钢铁、交通）及与其他部门的比较

		CO_2 排放量（百万吨）		
		电力	电力以外	合计
3 大部门	2013 年	216	452	668
	2050 年	43	90	133
其他部门	2013 年	351	235	586
	2050 年	70	47	117
合计	2013 年	567	687	1254
	2050 年	113	137	250

出处：基于“科学技术振兴机构—低碳社会战略中心”的资料制成

图 5-7-a 表示各行业部门的附加值与二氧化碳排放量的占比情况。排名前五位的行业的总附加值占 GDP 的 51%，但是这五种行业的二氧化碳总排放量只占了 10%。另一方面，图 5-7-b 按照二氧化碳排放量从多到少排列，排名前五位的行业的总排放量占总量的 52%，但是总附加值只占 GDP 的 24%，可以说是非常低了。图 5-7-c 表示的是产生每兆日元附加值需要排放二氧化碳的量，单位附加值排放量从下面的 37 位往上到 26 位的行业总附加值占 GDP 的 71%，然而二氧化碳总排放量只占整体的 13%。

附加值高并不意味着二氧化碳排放量大，二氧化碳排放量大的行业也未必对 GDP 的贡献度就高。最好的情况就是附加价值高并且二氧化碳的排放量也少。在这个基础上，有以下几个需要解决的课题：

① 对于产生每单位附加值需要排放的二氧化碳排放量低的服务行业，要改变它们的行业结构，并削减二氧化碳排放量；

② 对于二氧化碳排放量高的钢铁行业，要多循环使用废铁，改变行业结构；

③ 对于所有行业，都要推进节能减排；

④ 通过大量使用可再生能源，导入低碳电源系统；

⑤ 创造出低碳新行业；

⑥ 开发能够支持以上所有变革的新功能材料。

图 5-7-a　各行业部门的附加价值额与占比（2013 年）

排名	行业	附加值（兆日元）	占比（%）	CO_2 排放量（百万吨）	占比（%）	每 10 亿日元附加值的 CO_2 排放量（吨）
1	零售批发业	70.97	13.6%	63 346	5.1%	893
2	不动产业・房屋租赁业	66.35	12.7%	18 513	1.5%	279
3	公务	59.83	11.4%	4546	0.4%	76
4	医疗・福利	36.79	7.0%	29 060	2.3%	790
5	建筑业	31.48	6.0%	12 264	1.0%	390
6	信息通信行业	28.83	5.5%	20 629	1.6%	716
7	复合型服务业	27.06	5.2%	626	0.0%	23
8	运输业・邮政业 + 运输燃料	26.55	5.1%	259 183	20.7%	9760
9	金融保险业	23.48	4.5%	2507	0.2%	107
10	食品饮料制造业	15.39	2.9%	21 076	1.7%	1369
11	住宿餐饮服务业	14.08	2.7%	48 847	3.9%	3470
12	生活相关服务业・娱乐行业	13.59	2.6%	33 145	2.6%	2439
13	运输机械器具制造业	13.00	2.5%	14 823	1.2%	1140
14	通用机械器具制造业	11.23	2.1%	2299	0.2%	205
15	其他服务业	11.20	2.1%	35 030	2.8%	3126
16	电气燃气供热供水行业	9.12	1.7%	10 640	0.8%	1167
17	化学工业	8.00	1.5%	82 018	6.5%	10 248
18	农林水产业	6.45	1.2%	4219	0.3%	654
19	钢铁业	5.95	1.1%	199 814	15.9%	33 578
20	电子元件电路制造业	5.60	1.1%	10 448	0.8%	1865
21	金属产品制造业	5.46	1.0%	7280	0.6%	1333
22	其他制造业	5.26	1.0%	1535	0.1%	292
23	石油产品・煤炭产品制造业	4.37	0.8%	2982	0.2%	683
24	水泥・平板玻璃・石灰制造业	3.10	0.6%	45 741	3.6%	14 765
25	生产器械器具制造业	2.85	0.5%	4026	0.3%	1411
26	印刷・相关行业	2.68	0.5%	2805	0.2%	1048
27	纸浆・纸・纸加工品制造业	2.37	0.5%	23 718	1.9%	10 013
28	纤维工业	2.26	0.4%	12 185	1.0%	5396
29	其他产品机械制造业	1.93	0.4%	4014	0.3%	2082
30	非铁金属制造业	1.60	0.3%	8016	0.6%	5004

（续表）

排名	行业	附加值（兆日元）	占比（%）	CO_2 排放量（百万吨）	占比（%）	每10亿日元附加值的 CO_2 排放量（吨）
31	商用器械器具制造业	1.51	0.3%	4035	0.3%	2675
32	塑料·橡胶·皮革产品制造业	1.46	0.3%	10 000	0.8%	6850
33	通信机械器具制造业	1.28	0.2%	2319	0.2%	1818
34	木制品·家具工业	0.70	0.1%	2563	0.2%	3658
35	教育·教辅行业	0.68	0.1%	17 772	1.4%	26 121
36	矿业等	0.35	0.1%	2489	0.2%	7164
37	学术研究·专业·技术服务业	0.28	0.1%	5591	0.4%	20 263
38	家庭（全部能源）			224 098	17.9%	
合计		523.08		1 254 201	100.0%	2398

出处：基于“科学技术振兴机构—低碳社会战略中心”的资料制成

图 5-7-b　各行业部门的 CO_2 排放量（2013 年）

排名	行业	CO_2 排放量（百万吨）	占比（%）	附加值（兆日元）	占比（%）	每10亿日元附加值的 CO_2 排放量（吨）
1	运输业·邮政业＋运输燃料	259 183	20.7%	26.55	5.1%	9760
2	钢铁业	199 814	15.9%	5.95	1.1%	33 578
3	化学工业	82 018	6.5%	8.00	1.5%	10 248
4	零售批发业	63 346	5.1%	70.97	13.6%	893
5	住宿餐饮服务业	48 847	3.9%	14.08	2.7%	3470
6	水泥·平板玻璃·石灰制造业	45 741	3.6%	3.10	0.6%	14 765
7	其他服务业	35 030	2.8%	11.20	2.1%	3126
8	生活相关服务业·娱乐行业	33 145	2.6%	13.59	2.6%	2439
9	医疗·福利	29 060	2.3%	36.79	7.0%	790
10	纸浆·纸·纸加工品制造业	23 718	1.9%	2.37	0.5%	10 013
11	食品饮料制造业	21 076	1.7%	15.39	2.9%	1369
12	信息通信行业	20 629	1.6%	28.83	5.5%	716
13	不动产业·房屋租赁业	18 513	1.5%	66.35	12.7%	279
14	教育·教辅行业	17 772	1.4%	0.68	0.1%	26 121
15	运输机械器具制造业	14 823	1.2%	13.00	2.5%	1140
16	建筑业	12 264	1.0%	31.48	6.0%	390

（续表）

排名	行业	CO_2 排放量（百万吨）	占比（%）	附加值（兆日元）	占比（%）	每10亿日元附加值的 CO_2 排放量（吨）
17	纤维工业	12 185	1.0%	2.26	0.4%	5396
18	电气燃气供热供水行业	10 640	0.8%	9.12	1.7%	1167
19	电子元件电路制造业	10 448	0.8%	5.60	1.1%	1865
20	塑料·橡胶·皮革产品制造业	10 000	0.8%	1.46	0.3%	6850
21	非铁金属制造业	8016	0.8%	1.60	0.3%	5004
22	金属产品制造业	7280	0.6%	5.46	1.0%	1333
23	学术研究·专业·技术服务业	5591	0.4%	0.28	0.1%	20 263
24	公务	4546	0.4%	59.83	11.4%	76
25	农林水产业	4219	0.3%	6.45	1.2%	654
26	商用器械器具制造业	4035	0.3%	1.51	0.3%	2675
27	生产器械器具制造业	4026	0.3%	2.85	0.5%	1411
28	其他产品机械制造业	4014	0.3%	1.93	0.4%	2082
29	石油产品·煤炭产品制造业	2982	0.2%	4.37	0.8%	683
30	印刷·相关行业	2805	0.2%	2.68	0.5%	1048
31	木制品·家具工业	2563	0.2%	0.70	0.1%	3658
32	金融保险业	2507	0.2%	23.48	4.5%	107
33	矿业等	2489	0.2%	0.35	0.1%	7164
34	通信机械器具制造业	2319	0.2%	1.28	0.2%	1818
35	通用机械器具制造业	2299	0.2%	11.23	2.1%	205
36	其他制造业	1535	0.1%	5.26	1.0%	292
37	复合型服务业	626	0.0%	27.06	5.2%	23
38	家庭（全部能源）	224 098	17.9%			
合计		1 254 201	100.0%	523.08		2398

出处：基于“科学技术振兴机构—低碳社会战略中心”的资料制成

图 5-7-c　各行业部门的 CO_2 排放量（2013 年）

排名	行业	每10亿日元附加值的 CO_2 排放量（吨）	附加值（兆日元）	占比（%）	CO_2 排放量（百万吨）	占比（%）
1	钢铁业	33 578	5.95	1.1%	199 814	15.9%
2	教育·教辅行业	26 121	0.68	0.1%	17 772	1.4%

（续表）

排名	行业	每10亿日元附加值的CO_2排放量（吨）	附加值（兆日元）	占比（%）	CO_2排放量（百万吨）	占比（%）
3	学术研究・专业・技术服务业	20 263	0.28	0.1%	5591	0.4%
4	水泥・平板玻璃・石灰制造业	14 765	3.10	0.6%	45 741	3.6%
5	化学工业	10 248	8.00	1.5%	82 018	6.5%
6	纸浆・纸・纸加工品制造业	10 013	2.37	0.5%	23 718	1.9%
7	运输业・邮政业 + 运输燃料	9760	26.55	5.1%	259 183	20.7%
8	矿业等	7164	0.35	0.1%	2489	0.2%
9	塑料・橡胶・皮革产品制造业	6850	1.46	0.3%	10 000	0.8%
10	纤维工业	5396	2.26	0.4%	12 185	1.0%
11	非铁金属制造业	5004	1.60	0.3%	8016	0.6%
12	木制品・家具工业	3658	0.70	0.1%	2563	0.2%
13	住宿餐饮服务业	3470	14.08	2.7%	48 847	3.9%
14	其他服务业	3126	11.20	2.1%	35 030	2.8%
15	商用器械器具制造业	2675	151	0.3%	4035	0.3%
16	生活相关服务业・娱乐行业	2439	13.59	2.6%	33 145	2.6%
17	其他产品机械制造业	2082	1.93	0.4%	4014	0.3%
18	电子元件电路制造业	1865	5.60	1.1%	10 448	0.8%
19	通信机械器具制造业	1818	1.28	0.2%	2319	0.2%
20	生产器械器具制造业	1411	2.85	0.5%	4026	0.3%
21	食品饮料制造业	1369	15.39	2.9%	21 076	1.7%
22	金属产品制造业	1333	5.46	1.0%	7280	0.6%
23	电气燃气供热供水行业	1167	9.12	1.7%	10 640	0.8%
24	运输机械器具制造业	1140	13.00	2.5%	14 823	1.2%
25	印刷・相关行业	1048	2.68	0.5%	2805	0.2%
26	零售批发业	893	70.97	13.6%	63 346	5.1%
27	医疗・福利	790	36.79	7.0%	29 060	2.3%
28	信息通信行业	716	28.83	5.5%	20 629	1.6%
29	石油产品・煤炭产品制造业	683	4.37	0.8%	2982	0.2%
30	农林水产业	654	6.45	1.2%	4219	0.3%
31	建筑业	390	31.48	6.0%	12 264	1.0%
32	其他制造业	292	5.26	1.0%	1535	0.1%
33	不动产业・房屋租赁业	279	6635	12.7%	18 513	1.5%
34	通用机械器具制造业	205	11.23	2.1%	2299	0.2%
35	金融保险业	107	23.48	4.5%	2507	0.2%

（续表）

排名	行业	每10亿日元附加值的 CO_2 排放量（吨）	附加值（兆日元）	占比（%）	CO_2 排放量（百万吨）	占比（%）
36	公务	76	59.83	11.4%	4546	0.4%
37	复合型服务业	23	27.06	5.2%	626	0.0%
38	家庭（全部能源）				224 098	17.9%
合计		2398	523.08		1 254 201	100.0%

出处：基于“科学技术振兴机构—低碳社会战略中心”的资料制成

2050 年各行业的附加值以及二氧化碳排放量

看到这里可以知道有望在 2050 年之前将占据总排放量 81% 的电力与 3 大部门（家庭、钢铁、交通运输）的二氧化碳排放量削减 80%。对于其他那些占据了 19% 的行业，只要能够削减 80%，那么到 2050 年就可以完成整体削减 80% 的目标。在现阶段可以预测到这个程度，这个数值也会被运用到相关行业中。剩余的部分比较少，综合考虑到各行各业的状况，大致可以削减 50% ～ 90%（平均 80%）的排放量。

定量预测 2050 年各行业的附加值以及行业结构的变化，比预测二氧化碳的排放量要难得多。在这里，我们把 2050 年的 GDP 设定为 600 兆日元，考虑各行业的情况来预测附加值。

以此为前提开始接下来的思考。供给方除了现有产品的技术进步之外，还通过人工智能（AI）、传感器、机器人、计算机等高度发达的系统来提高劳动生产率。另外，高功能低碳产品、新工艺装备的进步将会有利于扩大新材料、零件和建筑材料的生产。另一方面，需求方也会产生新的需求。信息通信、医疗福利、住宿餐饮、教育、批发零售、金融保险等服务行业的内容也会发生变化，整体上会扩大。

整体上，为了实现低碳社会，人们不断革新技术，增加经济互动，行业结构也会随之发生改变。图 5-8 体现了正在不断成长扩大的行业的现状（2013 年）与未来（2050 年）。信息通信、医疗福利、住宿餐饮等 7 个服务行业，预计附加值将会由 190 兆日元增加至 262 兆日元，二氧化碳排放量从 2 亿吨减少至 5500 万吨。这些行业大部分的耗能是电力，而且电力消耗的比率还有可能继续升高。因此，如果和制造业做比较，那么可以说服务业的低碳化会相对容易推进。

到 2050 年，二氧化碳排放量削减 80%，在日本，二氧化碳总排放量将会达到 2.5 亿吨，GDP 将会达到 600 兆日元。预计每产生 10 亿日元附加值要排放的二氧化碳（后文写作“单位附加值的二氧化碳排放量”）将会从目前的 2400 吨大幅减少至 420 吨。

在图 5-8 中，单位附加值的二氧化碳排放量的平均值由目前的 1160 吨减少至 210 吨。

我们逐一来看。信息通信行业的附加值增加至目前的 1.7 倍，但是这个模型中的年平均增长率较为保守，只有 1.5%，还是比较低的，还有扩大的可能性。

在“医疗福利”方面，考虑到最近医疗器械、医疗技术、治疗方法的进步，并且老年人的经济水平有很大提升，有越来越多的人，即使面临高昂的医疗费用，他们也会选择接受治疗。如果能在日本现有的高水平医疗技术的基础上，好好地整顿一下医院环境，那么来自海外的需求也会增加，到时候附加值倍增也不足为奇。如果相关人员能够不断完善日本最尖端的医疗系统，加之自由经营成为可能，那么需求量还会进一步增加。

在医疗行业，由于电力占了相当大的比重，所以只要将电力低碳化就能够将医疗行业改造成低碳行业，医院建筑的高隔热化以及各种医疗器械的低碳化也是必不可少的。使用在癌症治疗中的重粒子线治疗设备的必要电力是每台 3000 kW，可以说是相当高了。电费只有治疗费用（每人

300 万日元）的几分之一而已，即使二氧化碳排放量较高，在原理上，也能够实现大幅省电。不仅是重粒子线治疗设备，在医疗福利方面为了实现低碳化，开发使用较多高机能材料的系统也很重要。在这个领域，日本完全可以发挥自己的强项。

像这样，低碳措施落实到具体的领域，各领域努力解决各自的课题，有助于实现经济增长与低碳化两不误的目标。尤其是“教育研究技术服务”等部门，考虑到未来社会的加速变化，充实自身是极其重要的选择。为了适应持续变化的社会，每个人都要掌握新的知识和思维方式，有必要构建一个帮助人们持续学习的教育系统。这必然会延伸成为一个新行业。另外，推动社会变化，寻找社会新种子的社会工程学、科学等研究服务部门也在不断扩大。蕴藏在其中的附加值很有可能远高于测算的结果。

图 5-8　在 2050 年前可能会扩大的行业

		附加值（兆日元）		CO_2 排放量（百万吨）		每 10 亿日元附加值的 CO_2 排放量（吨）	
		2013 年	2050 年	2013 年	2050 年	2013 年	2050 年
1	信息通信业	29	50	21	10	720	200
2	医疗福利业	37	52	29	8	790	150
3	住宿餐饮服务业	14	25	49	12	3500	480
4	零售批发业	71	80	63	7	890	90
5	金融保险业	24	30	2.5	0.3	110	9
6	生活相关服务业・娱乐行业	14	20	33	10	2400	500
7	教育研究技术服务业	1	5	23	8	23 000	1600
合计		190	262	221	55	(平均 1160)	(平均 210)

基于“科学技术振兴机构—低碳社会战略中心”的资料制成

二氧化碳排放量与 GDP 的变化形态

最后我们来思考一下所有行业的低碳化情况。

为了把 2013 年和 2050 年单位附加值的二氧化碳排放量的数据放在一起来看，我们把图 序-13 搬了过来（图 5-9）。纵轴是单位附加值的二氧化碳排放量，横轴是附加值。

在前面的图 5-7-a/b/c 当中，不产生附加值的家庭部门的二氧化碳排放量排在第 38 位。在这里，为了看到各行业部门附加值与二氧化碳排放量之间的关系，家庭部门的二氧化碳排放总量被分成石油产品—煤炭产品制造业 62.8 百万吨、电气燃气供热供水业 161.3 百万吨，由此制成了图 5—9。

这张图要这样看，2013 年时，横轴的附加值（GDP）是 523 兆日元，达到了顶峰，纵轴的单位附加值的二氧化碳排放量是 2.3 万吨 / 兆日

图 5-9　各产业 CO_2 排放量与附加值

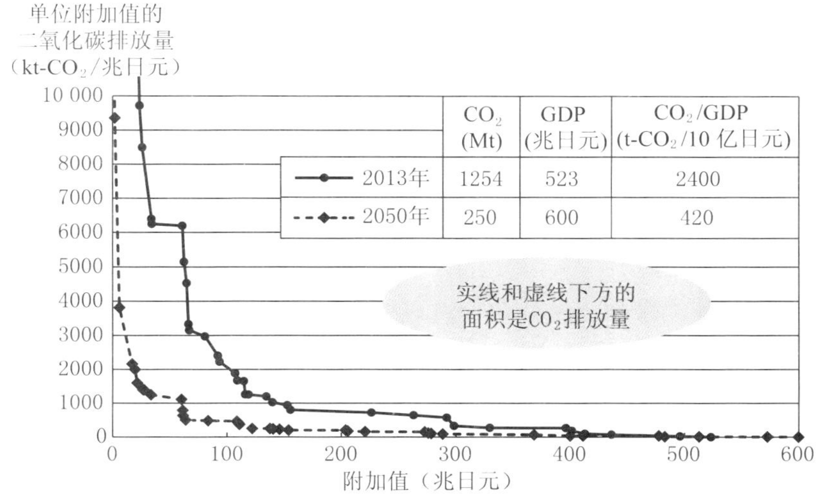

出处：基于“科学技术振兴机构—低碳社会战略中心”的资料制成

元，是最低值，这指的是复合型服务业，在图 5-7-b/c 中排在第 37 位。从 GDP 中减掉服务行业的附加值 27 兆日元变成了 496 兆日元。图 5-9 的横轴 496 兆日元、纵轴 7.6 万吨 / 兆日元的点是公务部门。

由各点所连成的线下面的面积就是二氧化碳总排放量，因此所谓低碳化也就是将这个面积最小化的意思。也就是说，要想打造低碳社会，就要想办法提高附加值，降低单位附加值的二氧化碳排放量，这是不可缺少的一环。

第六章
白金社会与新社会

人类从追求“量”的丰富的20世纪进入追求“质”的优良的成熟社会，正处于一个庞大的思维转换期。生态（绿色）、健康（银色）、IT（绯红色）等，光芒闪耀的白金社会最适合21世纪。白金社会并不意味着要求人类痛苦地克制、忍耐，这是一个任何人都能追求高品质生活（Quality of Life，QOL）的未来社会。

为了实现这一愿景，人类将面临各种棘手的难题。日本是一个善于发现新课题的国家，因此日本也有望成为一个擅长解决难题的专家。怀抱“新展望2050”，日本应当向全世界展示自己的智慧所在。

6-1 什么是白金社会

人均 GDP 与平均寿命

目前我们正在面临的课题源于 20 世纪的急速发展。从序章中的一张图（图 序-1，在 20 世纪急速扩大的人类发展轨迹）中我们可以看到，世界平均寿命与人均 GDP 两条线几乎重合了，从它们的变化中可以真切感受到 20 世纪发生了多么激烈的变化。

直到工业革命前，无论是人类的平均寿命还是人均 GDP 的上升都呈现出非常缓慢的态势。但是，进入 20 世纪后，两条线急速攀升，仅在 100 年内人均 GDP 就增长了 6 倍。而且，世界平均寿命在短时间内迅速超过了 70 岁，日本等长寿国家甚至超过了 80 岁。人均寿命飙升的原因是农业和工业的发展让越来越多的人不再忍受饥饿。但是，在发达国家出现了过度饮食与肥胖的问题，也出现了越来越多由于寿命过长而导致的老年痴呆的病例。

归根到底，发达国家的课题主要集中在气候变暖和老龄化两个方面。

20 世纪急速发展的物质文明导致能源消耗增加，二氧化碳排放量增加，引起了全球范围的气候变暖和气候异常。

此外，社会结构也发生了巨大变化。正如前文所述，世界平均寿命已超过 70 岁。发达国家不得不面临养老金、医疗费、老年痴呆等新的课题。在日本，养老金和医疗费是作为社会保障费用被筹措起来的，但是由于老龄化严重，这方面费用支出过多。而且，由于人工产品的饱和，人们已经不能满足于既有的供应，而是有了越来越多新的需要，经济增长趋于钝化。如果接下来还站在固有的框架里来思考课题，肯定行不通。

但是，换句话说，老龄化是实现长寿的必然结果。在 20 世纪初期，人均寿命不足 31 岁。人类在经过了 100 年后成功地将寿命延长一倍以上，实现了长寿的梦想。在老龄人群中，既有需要看护的人，也有身体强壮健康的人。只要向他们提供一定程度的支持，就可以帮助他们独立活动，就会有更多的老年人继续活跃在社会中。我们要让年长者经年累月得到的经验和知识活用在教育领域。预防医疗可以减少对高龄者的看护，今后可能会成为新行业。老龄化社会中虽然存在风险，但是也可以想办法让风险转化成机遇。

在日本这种发达国家，类似的课题非常普遍，今后发展中国家也会面临这些问题。日本率先发现了这些课题，如果能够找到解决这些课题的开端，日本就会成为“擅长解决难题的发达国家”。

图 6-1 展示了以世界人均 GDP 为基准的主要国家的人均 GDP 的变化情况。农业革命、工业革命、信息革命，人类走到今天，跨越了一个又一个巨大的转折点，每次成功的跨越都带来了经济的增长。也就是说，日本现在正面临这一个绝佳机会，要构筑一个全新的社会模式。

图 6-1 以世界人均 GDP 为基准看主要国家的人均 GDP 变化情况

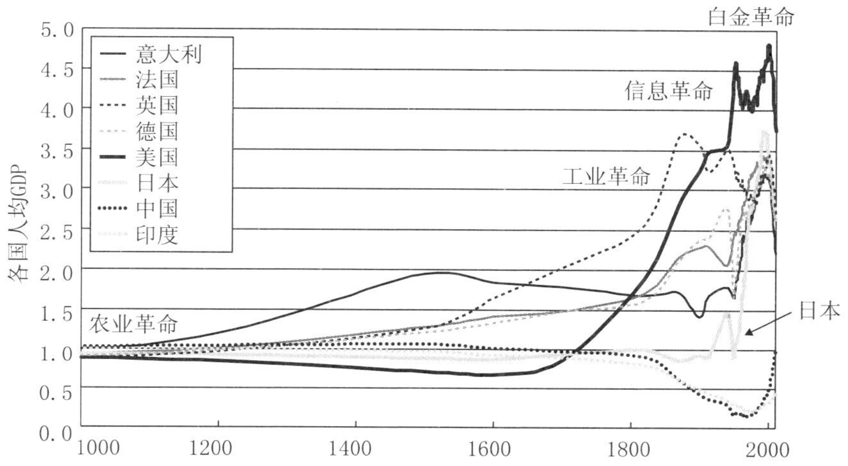

出处：基于 Angus Maddison：*Statistics on World Population*，GDP and Per Capita GDP，1-2008 Conference Board Total Economy DatabaseTM，January 2012，http://www.conference-board.org/data/economydatabase/ 的资料制成

从量的充足到质的充足

20 世纪的人类急速奔向物质充裕和健康长寿的目标。虽然物质文明的发展遇到了瓶颈，以致陷入了老龄化的困境，但是这都是人类实现了长寿梦想之后才生出的烦恼啊。

今后人类追求的不再是量的充足，而是质的充足。我从 2010 年起就开始提倡“市民在获得量的充足后，就要开始追求高质量的社会”，也就是“白金社会”。“白金社会”包含了生态（绿色）、健康（银色）、IT（绯红色）等方面。如果说 20 世纪追求量的充足，科学进步帮助人们实现这个目标后，20 世纪对人类来说就是闪烁着耀眼光芒的黄金时代，那么 21 世纪就是在这个基础上追求质的充足而闪闪发光的白金时代。白金社会是成熟社会的成长模型之一，在序章中也提到过白金社会的世界观：

① 无须担心资源、能源会短缺；

② 地球环境健康可持续，无公害问题；

③ 保护生物多样性，与美丽的自然共生；

④ 长期持续的健康与自立；

⑤ 终身参与社会；

⑥ 终身持续成长；

⑦ 雇佣关系得到保障；

⑧ 精神和物质上都富足。

这并不是只在日本等发达国家才有的追求，而是适用于世界各国的先驱模型。发达国家在追求量的充足的过程中，产生了公害和生活方式病等负面问题。发展中国家没必要走上这条老路，而是应该在最初就以建成白金社会为目标。

白金社会和前面提到的低碳社会、“展望 2050”并不矛盾。

“白金构想网络组织”的创始人是我，这个机构每年都会在日本全国范围内向优秀人士或地区自治体颁发白金大奖。第一届最优秀奖颁给了以振兴当地高中为起点，致力于振兴当地发展的海士町，优秀奖颁发给了因《彩事集》而为人所知的德岛县上胜町。

上胜町原本是橘子产地，但是 1981 年的一场异常寒潮给当地农业带来了毁灭性的打击。为了重振经济，他们在山谷中采摘野生的叶子和花，作为料理的配菜，向外输出，得到了不错的收益。创业之初非常辛苦，但是他们仍然努力进行市场调查，分析客户需求，致力于商品开发，同时还推进了 IT 化，事业获得大丰收。

如今，当地普普通通的老阿姨也学会了操作电脑，城市中的餐饮店里也用上了互联网，每天的生活充满朝气。上胜町的老龄居民精力满满，基本上没有卧床不起的老人。

在此基础上，上胜町开始打造“零废料政策下的公共卫生系统”。虽然配菜点缀事业获得成功，但是这样一个人口不及 1700 人的自治体的财政情况并不怎么宽裕。于是，町民一体，把垃圾分为 34 个品类，使废弃垃圾彻底资源化，还缩减了垃圾处理的费用。而且，骊住公司（LIXLI）提供帮助，共同推进新型排水净化系统的应用，主动承担保护环境的责任。

上胜町这一连串的举措中，潜藏着许多提示点，也许能够帮助人们更好地解决发达国家的众多课题。

照片 6-1　以振兴高校而广为人知的海士町参加第一届白金大奖并获得最优秀奖

在少子化时代还能增加学生数量的岛（海士町）

岛根县隐岐诸岛的岛前地区，也是一个解决了课题的地区。

岛前地区的超少子化、超老龄化正在不断加剧。2007 年，岛前地区 15 岁的人口只有 51 人，相当于最高峰时的一半。岛前地区核心地带海士町上的县立隐岐岛前高等学校在 2008 年只有 28 人入学，处在废校边缘。

为了扭转这一局面，海士町的居民们发起了“隐岐岛前高等学校魅力化项目”，试图将整个岛作为魅力教育的基石，打造出一个品牌，减少年轻人力资源外流，这就有了全国养育子女的人都知道的 I-Turn、U-Turn 战略。

具体做法是，在高中设立与当地相关的课程，例如地方生活学，提供进入当地企业体验就业的机会，制订与地方情况相关的课程等富有个性的教学计划。海士町以高中为起点，在活用当地资源的同时，越来越有活力。岛前高中的学生们，凭借观光计划“ヒトツナギ”（心连心）在以高中生为对象的全日本观光计划大赛中获得了第一名。

在充实教育内容的同时，为了吸收来自岛外的学生，学校重新装修了宿舍，吸引岛外学生来这里进行“岛留学”。这个吸睛的项目名称受到媒体竞相报道，2012 年竟然增加了学生数量，成功吸引来了“岛留学生”。现在，学校有将近一半的新生都是来自岛外的学生。

海士町这个尝试的特别之处在于，这是一次高中与地方的联合。在应对人口减少时，振兴产业和创造劳动机会是常见做法，但是海士町作为一个产业资源匮乏的地区，如果要依靠教育来凸显特征，就必须和地方联合起来。而且，在这里培养的都是能够独立发现课题、协同伙伴寻找解决方案并付诸实践的人才。这是日本在提升解决课题能力的过程中，发掘的一个优秀人才培养案例。

实际上，从地方振兴的观点来看，这个尝试具有更加重大的意义。如果当地没有了高中，那么当地的小孩子在初中毕业后就会离开家乡。即使有高中，小孩子在高中毕业后也会离开，但不同的是，他们在多愁善感的年纪，有 3 年是在这座岛上度过的，这种经历会在他们心中留下对当地的眷恋与热爱。事实上，有不少从岛前高中毕业的学生，说过等到自己大学毕业后还会回到岛上生活。现在日本各地都在模仿岛前高中的成功尝试，可谓正中靶心。

从自身经验出发为亚洲低碳化做贡献（北九州）

福冈县北九州市是一个以炼钢厂为中心发展起来的、具有悠久历史的重化工城市。在 20 世纪 60 年代发生了严重的公害问题，在市民“还我蓝天”的呼吁下，当地政府思考了各种对策，到 20 世纪 90 年代初期就解决了公害问题。这是市民、市政府机关、企业、国家等各个利益相关方联合实现的，所以，北九州市的经验吸引了国内外陷入相同烦恼的城市的关注。2002 年，在约翰内斯堡可持续发展世界首脑会议上签署的共同文书中有明确记载，世界各自治体应当学习北九州的经验——“北九州倡议”。不仅如此，在 2013 年，北九州市还与巴黎、芝加哥、斯德哥尔摩一起，当选经合组织评选的“绿色增长城市”。

2010 年，北九州市设立了“亚洲低碳中心”。这一举措试图通过环境产业激活地区经济，也是一个确保亚洲的环境保护与经济增长两不误的绿色发展中坚设施。另外，他们还对之前积累的庞大的经验知识进行结构化整理，得出了“北九州模式”。北九州模式，由 5 个对城市环境产生巨大影响的领域构成，它们分别是废弃物管理、上下水道管理、能源管理、环境保护、交通管理。用 3 个要素（任务、过程、成果）将其体系化、结构化，在云系统上整理成数据库。在开发伊始，他们就考虑到今后会和海外各国分享经验，所以最早的一版是英文版，之后才有了日文版和中文版，一共用 3 国语言来表述。这里记录了从过去到现在人们做出的种种努力，为其他地区整理了前车之鉴。

亚洲低碳中心主要活跃范围在越南、印度尼西亚、柬埔寨、泰国等亚洲各国，支援它们解决城市环境问题。北九州市作为环境模范城市，它的知名度在亚洲其他国家反倒比在日本要更高一些。今后，亚洲低碳中心不只解决低碳问题，还会在经济可持续发展和老龄化方面进行研究。

图 6-2　北九州模型的特征：Asian Dynamism（图片来源：MI 咨询公司）

北九州模型，一个以全球标准化的城市建设为基础，将北九州市这个工业城市与未来的环保发展融为一体的“亚洲工业城市的环保模型”。
这个亚洲式的解决方案，巧妙地填补了以自上而下规划地区的政策为前提的欧美模型无法解决的空缺。

亚洲型的、充满活力的有机发展

＋

包含了社会、技术、经济、环境、制度（统称 STEEP）
的可持续城市建设

亚洲型工业城市发展的过程

建成工厂，周边开始出现住宅区

相关企业和交通设施开始出现，城市继续发展

√在城市中心的工厂处境艰难，向其他地区转移
√上升的地价可以用来更新基础设施
√城区可以通过旧址的二次开发，提升价值

图 6-3　模型的扩张性：可持续的主题（图片来源：MI 咨询公司）

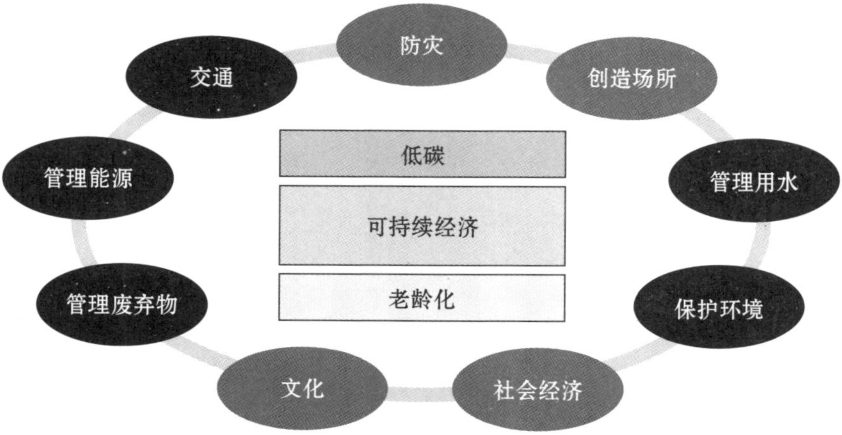

现在的北九州模型可以用管理废弃物、管理用水、管理能源、保护环境 4 大领域来概括。
今后将进一步采取更具有包容性和可持续性的手段建设城市，把其他要素一并含括。

实现奇迹的领袖力（Yanedan）

每个地方都有独特的资源，也有独特的课题。重要的是，确定未来的愿景，向着目标而迈进。

在鹿儿岛县鹿屋市的山谷地带，有一个地方叫作柳谷地区，人们称之为“Yanedan”。这里虽然也存在老龄化和人口减少的问题，但是当地数十年都在努力振兴本地发展，成功实现了“Yanedan 的奇迹”，主要功臣就是 1996 年时任公民馆长的丰重哲郎先生。在这样一个人口约 300 人，老龄人口占四成，地方活动几乎停滞的地区，丰重先生感到了危机，他倡导“不依靠行政，要自主创造财源，实现当地振兴”，并付诸行动。

丰重先生看中了当地居民提供的农业荒地，借助当地青壮年的力量，栽培红薯，以红薯为原料酿造烧酒并开发品牌“Yanedan”。同时也栽培了辣椒，出口韩国。就像这样，获得了自主财源。另外，租借町有土地，开发出安装手工运动器材的“活力运动乐园”。这一举措为当地居民的健康做出了贡献，75 岁以上居民的医疗费相较于鹿屋市内的其他社区平均每年要少四成以上。

虽然牵头振兴当地经济依靠的是丰重先生个人的领导能力，但是如今，每一名居住在此地的居民都在发挥着自己的领导能力，积极参加当地活动。为了培养自治体职员振兴当地的领袖能力，培养未来的地区振兴领袖，丰重先生凭借多年经验，在 2007 年设立了“故乡创世塾”。3 年前，面向这所学校的毕业生，他开设了地区振兴领袖高级学堂“故乡创世 SUPER 塾”，进一步扩大了它的活动范围。

超大城市愿景的实现（二子玉川）

振兴地方的故事多发生在人口稀少的地方城市，但是中心大城市也有自己的课题。东急电铁沿线的二子玉川地区，曾在日本经济增长期，作为日本首个郊区型住宅区被开发，是围绕着玉川高岛屋购物中心而发展起来的热门住宅区。一个有魅力的街区，往往会迎来一个为了持续存活而不断进化的宿命。在 1982 年，二子玉川再开发计划启动，2015 年已经是第 33 年了，大规模的城市再生计划已经完成。

建造一座城市，不仅要整备硬件设施，还要具备让生活更美好的软件设施。于是，二子玉川在 2010 年成立了“Creative City Consortium”，即“创意城市联盟”（以下简称 CCC）。干事会员中不仅有东急电铁，还有运营着热门商业设施的 Culture Convenience Club 集团（文化便利俱乐部），以及在日本全国支持地方振兴活动的大日本印刷公司 (Dai Nippon Printing) 等公司。

CCC 将二子玉川作为试验地区，召集多个来自不同行业的发明家与学问家，打破行业限制，为了构造模范新型城市的社会系统、工作方式、生活方式，展开了各种活动。他们的优势在于，可以融合成员企业的各种智慧与技术，并且在实验导入时可以提供合适的“场地”。像这样，与当地企业和地区居民等利益相关者建立了双赢（WIN-WIN）的关系。在这里不允许一部分企业“从中择优”，而是欢迎所有扎根于本地区的企业参与进来。我们希望参与其中的企业能够长期与当地利益相关者建立良好密切的关系，并一直保持这种觉悟。

自首次开展活动以来已经过去了 5 年，CCC 在二子玉川、涩谷、自由之丘三地有了 3 处据点，扩张成白金三角（Platinum Triangle）。在白金三角内部有许多被称为“Creative Class”（创造力团体）的人居住在这里，他们促成了新的革新，并且形成了巨大的消费市场。这意味着每个人的想法都可以和商业产生联系，有机会在这片地区上实现梦想。

还有一个例子体现了 CCC 的成果，那就是城区内首个电动平衡车

（Segway）实现了公路驾驶旅行“Segway in 二子玉川”。该活动的中心是以站在移动工具上为主题的“QUOMO”项目。在交通环境净化推进协议会和世田谷区的协助之下，二子玉川地区接受了经济产业省《企业实证特例制度》规定的特例措施，让这个旅行项目在 2016 年 4 月成为现实。另外，他们也开始把目光投向 2020 年东京奥运会、残奥会，意识到要构建并传达运用了新科技和缓和限制的实例，朝着新时代进行城市建造活动。

今后，CCC 从二子玉川到白金三角，继续扩大活动的“场地”，继续在超大城市东京里，以创造可持续发展的新型城市为目标，引发革新。东京牵引着日本的革新，而被寄予厚望的革新引擎就在白金三角。

虽然我们面临着许多课题，但是，借助前人的努力，我们也获得了物资、信息与出行工具，实现了长寿，这是不争的事实。资源自给、低碳化、克服公害、与自然共生、健康与自立、终身成长、多样选择、自由参加……我们不正是在向着白金社会而努力奋斗吗？

图 6-4　创造性城市的螺旋成长图（图片来源：东急电铁公司）

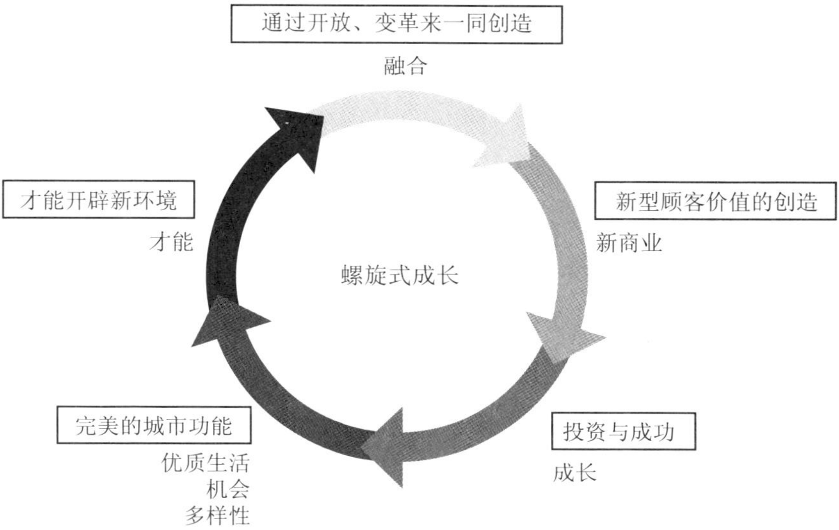

照片 6-2　电动平衡车的公路旅行（图片来源：东急电铁公司）

6-2 目标是成为资源自给的国家

在“展望 2050”中能够实现七成自给率

白金社会是一个物质生活充足、生活品质较高的社会，是一个令人骄傲的闪烁着耀眼光芒的社会。

其中一个具体形象就是“资源自给的国家”。人们常说日本是一个资源匮乏的国家。的确，一半以上的资源要靠进口，进口的矿物等资源被再加工后出口外销，赚取外汇。但是，这种模式已经快到极限了。

到今天为止，人口总数只占全世界 10% 的发达国家垄断了工业，其余 90% 的人口所在的国家只能出口一次资源[①]。但是，这种模式已经在逐步土崩瓦解。依靠出口一次资源的国家也在努力发展工业，生产的产品遍布全球，还引发了价格竞争，资源与产品之间的差距正在缩小。

工业革命让世界物质逐渐饱和，但是现在日本应当树立的目标是成为“资源自给的国家”。理想状态是达到 100% 的自给，但是结合现实情况来

① 一次资源：相对于二次资源（即再生资源）的概念。

看，能达到 70% 就足够了。

就像我在第一章里所说的，今后能源消耗会持续减少。“展望 2050”提倡要提高能源利用率，如果能够增加天然能源使用量，那么很有希望在 2050 年实现 70% 的自给率。

而且，人工产品趋于饱和。如果提高循环技术，持续推动物质循环，那么钢铁、水泥、稀有金属、稀土等许多资源都能从都市矿山中循环获得。矿物资源的自给率达到 70% 也是可能的。

从热量基础来看，食用资源目前可实现 40% 的自给，但也应当设立 70% 的目标。

水和木材可以实现 100% 自给。日本的水资源丰富，国土的三分之二都是森林，木材潜力巨大。虽然目前木材资源的自给率并不高，只有 25%，但是如果振兴林业，就能够创造出 5 兆日元规模的行业。

综上所述，资源自给率有着大幅上涨的可能。与“展望 2050”相同，2050 年资源自给率达到 70% 也是有望实现的目标。

振兴林业的构想

虽然我国森林资源丰富，但是仍有 75% 的木材需求要依靠进口。第二次世界大战后，为了重振林业，植树约 1000 万公顷，但是在经济增长期，青年劳动力流向大城市，林业工作人员数量不足。低价的进口木材流入日本，日本国产木材在价格竞争中毫无优势可言。一直以来国家都没有对林业进行合理化经营和规模扩大等根本上的改革，林业工作者也逐渐老龄化。人手不足造成森林荒废，国土保全功能低下，森林逐渐荒废，陷入了恶性循环。这是一个必须要从根本上解决的问题。

瑞典和奥地利等欧洲木材出口国，都有大规模经营、大规模机械化和大规模供应链。瑞典的采伐、运输成本是每立方米约 2000 日元，奥地利是 4000 日元，但是日本是 8000 日元。另外，日本林荫道的密度是瑞典的十分之一，是奥地利的五分之一，这么低的密度也是高成本的原因之一。

但是智能林业令人充满期待，它可以借助科技与商业模型来解决课题。白金构想网络组织成立了林业振兴工作小组，正在讨论为了实现智能林业还需要做哪些具体工作。

实际上，日本国内就存在先进案例。例如，在群马县，森林工会联合起来设立了涩川县产材中心，开展了国内首个一次性全量购买方式。这个中心是供应链的核心，能够接收所有品质的木材。而且，在九成面积都被森林覆盖的北海道下川町，整个地区都在致力于林业活性化。下川町是北海道首个获得可持续森林管理与经营的国际认证机构——森林管理委员会（FSC）认证的地区，在提高木材价格的同时，还把木材工厂产生的木屑作为生物能源使用。通过将木屑使用在公共设施中，能够有效推动二氧化

照片 6-3　下川町的林业活性化工作

碳减排与经费缩减。

如果能够形成产业链、扩大生物能的有效利用范围，那么获得的收益就能回归到智能林业中。林业活性化可以防止森林荒废，维持健全的自然环境，防止沙土灾害，保全土壤。

利用生物能，削减二氧化碳排放量，促进经济活性化与国土强韧化，保全环境与水源——形成供应链和智能化使林业再生，其成果是巨大的。所以，国家应当携手掌握巨大资本的企业群体一起积极转型，发挥规模的杠杆作用，重振日本林业。

6-3 与美丽自然共生

打造生态宜居之地

前面我提到过，日本应当设立目标，成为擅长解决课题的先进国家。我相信日本有这样的实力。实际上，日本在以前就已经解决过好几个难题。

在工业急速发展的经济高度增长期，日本各地环境污染严重，出现了水俣病①、痛痛病②和四日市哮喘事件等公害病。无论是美国还是俄罗斯，工业地带附近都非常容易遭受污染，这一点毋庸置疑，但是由于日本国土狭长，工厂与住宅区相隔不远，人们容易直接遭受侵害。为此，日本各行业努力开发去除有害物质的技术，克服公害问题。

如果给自然环境增加负荷，那么不仅是人类，地球上所有的生物都会受到影响。森林枯竭、大地贫瘠、地球上的生物会失去最后的栖息之处。一些日本本土固有的野生生物濒临灭绝，有些已经从这个地球上消

① 有机汞中毒症。
② 镉中毒症，又称骨痛病。

失了。

有那么一群人，他们一想到自然的样子就感到痛心，为了找回自然原本的样子，他们在各个地区开始了保护环境的活动。这份努力并非徒劳，新潟县佐渡市的朱鹮、兵库县丰冈市的鹳、静冈县三岛市的源兵卫川的萤火虫又回到了曾经生活的地方，人们为了它们能够存活下去，再次整顿了自然环境。而且，类似的活动又和打造地区魅力相结合，佐渡市整备了观光设施“朱鹮森林公园”，提供能够学习朱鹮生态环境的机会；丰冈市以鹳的生存地为卖点，突出环境的良好优势，开发了大米品牌；三岛市举办萤火虫大会等活动，增强了观光产业的活力。

人类社会的繁荣建立在与自然的共生之上。一边给环境增加负荷，一边只发展人类社会，这种未来是没有意义的。“与自然共生的社会”是白金社会的要素之一。

企业发力，迈向共生

20 世纪 90 年代人们开始关注环境问题，越来越多的企业不再延续泡沫经济时期流行的那种赞助美术品的做法，逐渐转向植树或清扫等环保活动。直到今天，还有一些企业坚持开展这种活动。虽然是好事情，但是脱离本职工作的活动往往缺乏连续性。可以回想一下泡沫经济时期那些投资赞助美术品的公司，他们受到经济低迷的影响，逐渐衰败，既然收益结构恶化，那么自然要从这些外部活动中抽身。

我希望企业主导的环境保护活动，并不是单纯修复受伤大自然的志愿者行为，而是要和企业活动连接起来的、积极向前的事业。正因为会向本行还利，所以企业才能够源源不断地投入必要的资源。

综合饮料生产商伊藤园（ITOEN）致力于开发茶叶产地的事业。已开发土地包含承包种植的 668 公顷，以及新产地事业的 366 公顷，合计

1034 公顷（2015 年年末）。承包种植指的是由农民负责栽培茶叶，由伊藤园全部购买的形式。新产地事业指的是大规模茶园建设事业，开垦荒地，向农民提供技术支持，活用 IT 等各种支援形式。

对于伊藤园来说，开发茶叶产地不仅仅是社会贡献活动，还有个很大的优点是一定程度上保证了产品原料的稳定供给，有利于公司的主业。正因如此才会持续投入。而且，对于当地农民来说，全部收购、技术支援可以带来稳定感；对于当地社会来说，可以减少农业荒地，创造工作机会，产生社会价值。所以这个做法对于三方来说都是好事。伊藤园向世界推广把大量的茶叶渣用来堆肥或用作饲料的行为。在美国商业杂志《财富》（*Fortune Magazine*）发布的“改变世界的 50 家企业”榜单中，伊藤园名列第 18 位，这是日本企业有史以来获得的最高名次。

还有一个，我想介绍一个由企业主导的农业优秀案例。Vegetalia 公司是一家成立于 2010 年的创业公司，目前的业务主要是通过科学指导，推进智能农业。

现代农业诞生于 20 世纪中期，建立在由高产种子、化学肥料、农药这 3 点构成的“绿色革命”的基础上。一方面它确实使农产量激增，但是另一方面它也造成了环境破坏与农业荒地增加等问题。最大的问题就是，现在使用的方法论依然是半个世纪前的那一套，完全没有革新和变化。这几年科学进步后，增进植物生长与抑制病虫害发生的机制越发明显。对环境没有伤害的生态调和型农业生产并非空谈。

Vegetalia 公司开发的产品“Paddy Watch”（稻田测量仪）融合了科学与技术，是一款与农业革新有关的高科技工具。在水稻田中插入传感器，Paddy Watch 可以针对水位、水温、大气温度、大气湿度的数据进行测量和计算。安装特定的应用软件，用户就可以在智能手机或平板电脑上接收数据，实现远程管理。对于水稻种植来说，管理相当重要，但是如果要占农作时间的 25%，对农民来说也的确是负担太大。如果能够通过这种远程观测进行管理，那么作业效率就会得到大幅提升。

而且，看数据就可以知道什么时候适合喷洒农药和施肥，所以，即使是经验尚浅的人也能安心作业。Vegetalia 公司的代表人小池聪先生说："现在的农业生产过于依赖熟练农民的经验、直觉和技巧，但是我想用植物科学替代经验，用物联网传感器替代直觉，用数据科学与人工智能替代技巧。"

国家战略特区新潟市的农业改革计划采用了 Vegetalia 公司的方法。即便是在被称作"农业王国"的新潟，人们也会对农业的未来抱有强烈的危机感。农村的后继者不足，老龄化问题严重，农民年纪越来越大，体力持续降低，耕地面积缩小，废弃农田增加。原本肥沃的土地被放弃，原本肥沃的土壤也流失了营养，自然环境也逐渐荒废。要想把已经干涸的水田或荒地重新利用起来，要付出比持续耕地还要辛苦的劳动，并不是一朝一夕就能解决的问题。这和林业衰退的情况非常相似。

但是，由于企业的介入，农业迎来了新局面。无论是伊藤园还是 Vegetalia 公司，他们的企业活动起到了根本作用，但是如果没有健全的自然环境，他们也无法施展。企业活动促进了环境保护和与自然共生、商业举措和贡献社会的巧妙结合，可以说是非常优秀的范例。

为了能够吸引企业的加入，首先要保证农业是个有利可图的产业。为此，必须提高 ICT（信息、通信和技术）农业的生产力。我不敢说日本的农业效率处在世界前列，看看主食大米，就是一个难题。来看一下每公顷农田的生产额，蔬菜约为 430 万日元，但是大米只有 95 万日元，还不到蔬菜的四分之一。这一点必须要想办法改善。

提高生产力可以帮助振兴农业、减少荒地，保护区域环境。眼前这个小小的传感器很可能就是保护地球环境的金钥匙。

照片 6-4 运用了感应技术的水田传感器“Paddy Watch”（照片来源：Vegetalia 公司）

右边照片中和茶桶差不多大小的就是机器本体，在它下方安装了感应设备，可以检测计算水田的水位和水温。管理时使用专用的手机软件，在平板电脑或智能手机这些终端设备上就可以看到实施情况。（照片左上、左下）

6-4 健康与自立可以丰富人生

银发族的智慧应当成为社会资源

我们的目标应当是在维持量的充足的基础上，追求品质更高的人生和生活，换句话说就是，享受更好的 QOL。为此，贯彻“终身在职”是很重要的。

大多数公司的员工会在 60 ～ 65 岁之间退休，但是现在和 20 世纪 60 年代已经大不相同了。大多数到了这个岁数的人依然健康有活力，头脑清晰，并且有着强烈的工作欲望，人们称之为“银发族”。

前川制作所以工业用冷冻机为人所知，这家公司从 1976 年开始“无人退休”，因为他们内部有一套独特的雇佣制度。如果本人有意向且职场有需要，那么员工在达到 60 岁之后还可以有 1 年时间在公司工作，签 1 年期限的合同。全职上班，保险继续由公司缴纳，但是薪水只有 60 岁之前的六成，而且职务范围也不一样了。

公司希望他们能够把长年积累下来的宝贵知识与技术教给年轻的在职人员。在职的这一代非常忙，每天都为各种业务忙得晕头转向。这个时候，如果在他们当中安插几个富有经验和空闲时间的老员工，就会发生奇妙的化学反应，新老员工齐心协力就会诞生世界顶级的产品。而且，当年轻员工遇到瓶颈时，经验丰富的老员工会通过自己的直觉来找到突破口，在一旁用言语启发年轻员工。截止到 2016 年 8 月，日本国内集团的员工中 60 岁以上的占了一成以上，年纪最大的已经 84 岁了，在这之前还有一名 94 岁的技术顾问一直在岗。

正因为前川制作所认识到 60 岁以上的员工的巨大价值，所以才采用了继续雇佣制度。对于老员工来说，能够发挥自己的经验继续工作，也让人感到非常有干劲。

经济学家凯恩斯（John Keynes）在 1930 年执笔的论文《我们孙辈的经济问题》中记载道：100 年后，也就是在 2030 年，经济问题基本上得到解决，人类会从劳动中被解放出来。但是他还建议每天工作大约 3 小时，这会让人更快乐。当时，富裕阶层的妇女们由于过于空闲，很多人患上了神经过敏。工作使人感受到自己与社会相连，感受到被需要，这对于人类维持健康的身心来说必不可少。

内阁府《平成二十八年版老龄社会白皮书》中的数据显示，2015 年老龄化率（65 岁以上人口占比）达到 26.7%。每一位老人要被 2.3 名 60 岁以下的在职人员养活。到 2050 年老龄化率会增加至 38.8%，每一位老人要被 1.3 名在职人员养活。医疗、看护、养老金，如果这么持续下去的话都要陷入困境。

在经济增长期的工业生产中，15 岁到 64 岁的人群都是劳动力，但是现代社会不是这样。本来小孩子就不多，加上大学入学率提高，有一半的孩子在 22 岁之前是不会开始工作的。但反过来，65 岁以上还在卖力工作的人非常多。

如果这些银发族可以自己养活自己，那么在职一代的负担就会减轻，

图 6-5　老龄化的变化情况与未来走向

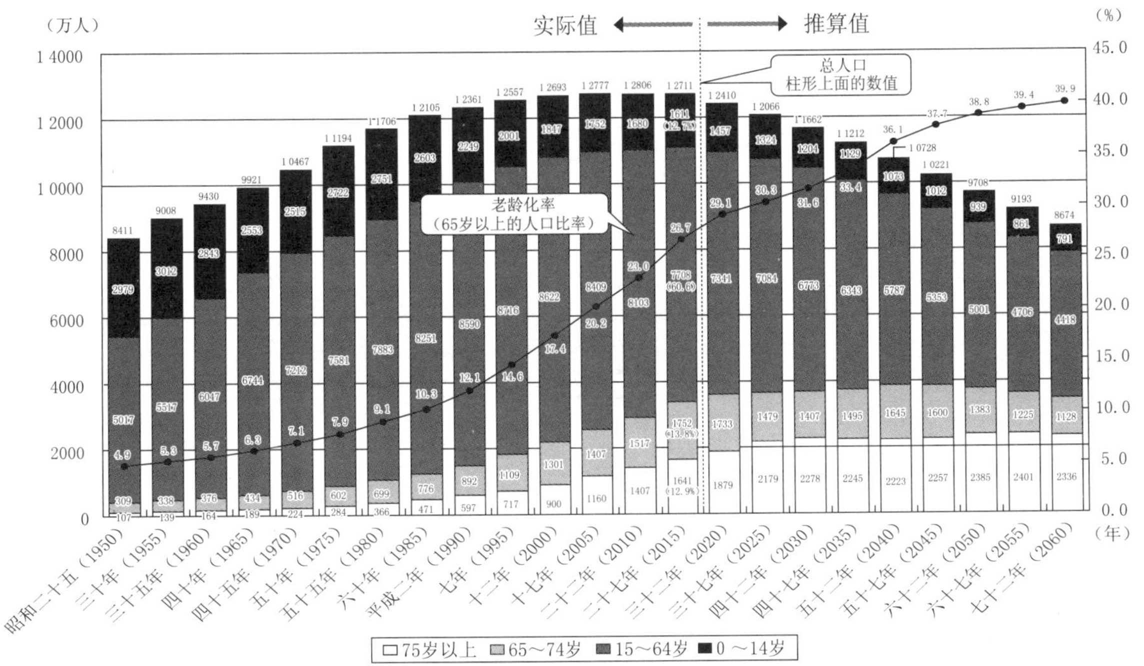

出处：内阁府《平成二十八年版老龄社会白皮书》

资料：2010 年之前的数据来自总务省“国势调查”，2015 年的数据来自总务省《人口推算（以平成二十七年国势调查人口速报集计结果为基准的平成二十七年十月一日的确切值）》，2020 年之后的数据来自国立社会保障・人口问题研究所《日本的未来推算人口（平成二十四年一月推算）》的出生中位与死亡中位假定数据的推算结果

（注）1950 ～ 2010 年的总数包含年龄不详的人群。但是在计算老龄化率时分母中不包含年龄不详的人群。

还可以在一定程度上缓和财政焦虑。而且，新行业的崛起必须要活用银发族的知识和技术，从而支撑整个白金社会。白金社会的教育活动，对银发族的活跃抱有巨大期待。这里指的不仅仅是学校教育，正如前川制作所那样，要创造更多能够让年轻员工实地学习的场合和机会。无论机械化和自动化有多么发达，在工业界，专业人才的技术依然是必不可少的。终身在职不仅能够提高老年人自身的生活品质，同时，对于整个白金社会来说都是有意义的。

老者的知识与经验在下一代继续生长

已经有人开始尝试把银发族的知识和经验活用在广阔的教育平台上了。

千叶县柏市政府与东京大学老龄社会综合研究机构、UR都市机构（原日本住宅公团）合作，推动建设长寿社会的城市模式。他们合作开设了“ネケスファ”（Next-Ph）学堂，可供小学3年级到初中3年级的学生学习，这也是他们的合作事业。其中较为特殊的是，讲师一律是来自机器人俱乐部（Robot Club）的老龄讲师。

ネケスファ学堂开设的活动涉及企业、学校、地区居民，从企业退休的银发族可以作为讲师在这里教授英语会话或算数等课程。曾就职于三菱化学公司的银发讲师武藤达雄先生作为英语会话讲师加入了这个学堂，但是不久后他非常希望能够教给孩子们生命科学的知识，于是他提出了开设“机器人教室”的想法。他开发了原创教材，教给学生编程等技能，这个课堂刚开课就瞬间挤满了学生，广受好评。现在，课堂数量增加了，已经有了多名银发教师在这里工作。

由于信息通信技术的发展，在初中阶段已经有必要开设编程课程了，到2020年，在日本的小学里，编程也必将成为必学课程。在这种社会背景下，编程成为人人都希望学习的课程，“机器人教室”在全国取得了很好的反响，但是有实力教授这门课程的人才是有限的。在职人员要想参加本职以外的教育活动几乎是不可能的，因为他们实在是太忙了。这个空缺可以由银发族来填满。

像武藤先生这样的银发族，在长期的工作中掌握了丰富的知识与经验，他们有实力给孩子们提供一些在学校和补习班里学不到的知识。另一方面，对于银发族来说，自己甘愿为社会做贡献，生活充满了意义。身心健康地活着，做一个社会需要的人才，与社会持续连接，这些对于人来说是非常重要的。

于是，白金构想网络组织的“白金未来学校”上线了。白金未来学校，面向可持续发展的社会建设，通过银发族的白金讲师讲授那些有活力的优质知识，使充满好奇心的孩子们吸收知识，由下而上地来支撑这种近未来型的“Active Learning”（主动学习）平台。

关于白金未来学校开设的课程主题，我们有非常多的想法，首先是开设“机器人教室”。银发人才联合自治体或银发人才中心等机构，可以利用退休大学教师的关系网来招募讲师。另外，每月从学生那里收取费用，作为工资发放给银发职员。通过这种运营模式，听课的小孩子以及他们的家长、银发工作人员，都可以将其视为一份值得投入精力的事业，而且这样一来也构筑起金钱的流转形式。从此，这不再是一个短期志愿者活动，而是一个可以长期持续运营的学校。

这个活动最初在东京和长崎发展起来，以此为模范，预计会在全日本范围内推广。另外，除了“机器人教室”之外，我们还考虑在线上教学科目中加入英语会话、环境问题等具有高度社会性的主题，扩大课程的覆盖范围。

6-5 多样选择，自由参加

现在为什么追求“羁绊”呢

生活方式与工作方式变得越来越多样化，是因为社会与个人之间的关系变得多样化。早期的日本人属于农耕民族，自古就被束缚在土地上，以种植水稻为生，这种工作扎根于土地，除了从属于当地的群体，没有其他的选择。如果不按当地的规矩办事，就会被孤立、被厌弃，从而失去工作和生活的场所。这让人想到了不久前的企业文化。终身雇佣是人生的基盘，公司的聚餐、运动会、团建旅行等，多半是不得不参加的。

通过种植水稻而被联系起来的地方社会或以前的公司都是通过共同作业来培养羁绊的场所，正因为有集团的凝聚力，所以才能实现社会的富裕，但是，现如今人们已经过上了丰裕的生活，共同作业的价值变得不再那么吸引人。近来，有些人动不动就宣称“羁绊很重要”，我想这恐怕是在本能上害怕羁绊的消失吧。

所谓羁绊，产生于共同作业时。如果真的是这样，那么建设白金社会需要的共同作业就承担了它的角色。不同于以往为了赚取生活费的 rice work（意为“糊口的工作”），最近越来越多的人为了人生意义而选择终身工作，希望发挥自己的职能来为社会做出贡献。他们主动参加的公益性团体与活动，不同于工作、家庭、兴趣，而是有着特定的价值，这一类活动正变得越来越吸引人。

科技的发达拉近了人们空间上的距离，工作方式和生活方式的选择余地也越来越大。现在依然存在被动参加公司等所属单位的活动，但是今后会逐渐转变成有选择的“自由参加型”活动，人们可以自主选择参加哪个团体的哪个活动。既有自由选择参加哪个团体的活动，也有自由选择不参加。

移动出行自由将改变工作方式

1964 年，与东京奥运会同一年开通的东海道新干线让东京与大阪之间的车程缩短至 4 小时。次年，又缩短至 3 小时 10 分钟。在开通这条线路之前，原本要花费 6 小时，这样确实大幅缩减了时间。而现在只需要花大约 2 个半小时就可以了。如果磁悬浮中央新干线能够成功开通，那么只需要花 1 小时。从东京羽田机场飞到大阪伊丹机场只要 1 小时。另外，东海道新干线以外的新干线网络正逐渐扩大，能够当天往返的地区面积越来越大。

今后，交通方面也会发生变革。由于信息通信技术的发展，信息的移动成本几乎为零。同样，人类移动成本的降低也使整体市场价格在下降。在廉价航空公司（LCC）登场后，飞机票价跌至原先的一半以下。如果在实用市场投入进化版的无人驾驶飞机，那么成本结构又会发生改变。从技术层面来说可能性非常高。空中客车公司（Airbus）已经完成了电动飞机的试飞，美国轰炸叙利亚用的也是无人机。人们担心无人机容易发生事故，但是人类飞行员也会犯错误。如果要我二选一的话估计还是会选设置了多重安全对策的无人飞机吧。

出行变得更加自由，另一方面，也出现了选择不出行的自由。以前一说要开会就必须聚在公司里，传阅纸质资料，敲打电脑键盘，但是，现在的伏案工作基本依靠电脑就可以完成。电视会议系统也普及了，全员聚在一个会议室里开会的情况变少了。外资企业和大型企业普遍导入了Telework（远程办公），越来越多的人不再需要每天在同一时间乘同一班电车。

既然没必要在公司完成工作，那也就不一定非要住在离公司近的地方了。我听说，有不少人把房子建在枥木县或茨城县，平时乘新干线到东京的公司上班。但是如果真的开始使用远程办公，那么连住在关东圈的必要都没有了，想住在哪里就住在哪里，北海道也可以，冲绳也可以，平时就在自己家里办公，必要之时乘飞机或新干线进公司。移动手段与移动网络的多样化，以及信息通信技术的发展也开始改变人们对于移动出行的观念。

办公方式的变化也会相应地改变与上班天数和工时相关的制度。虽然现在很多公司采用了弹性工作制和短时工作制，但是这并不能全面满足人们的需求。“生完小孩之后，我回到工作岗位，采取的是短时工作制，但是每当孩子发烧时我都会因为迟到和早退而感到难为情”。有不少人会边顾及周围人边工作，“孩子还小的时候，如果我每天都要去公司上班那就太难受了，如果能在家中工作几个小时的话我会觉得很不错”。也有些人非常渴望投入工作，但是受制于制度的不完善，无法工作。弹性工作制的终极理想就是废除产假和育儿假。为了实现这一目标，就必须要思考如何建立合适的评价制度与公正的薪资体系，虽然要求很高，但是目前日本的情况是人口越来越少，所以这个主题非常有现实意义。

像这样，由于技术的发展，物理上、空间上、时间上的间隔被缩小，工作方式也变得多样化。“多样的选择”带来的结果是，也许会有更多的人选择去地方城市居住。如果是养育小孩的那一代人，比起把小孩送去连操场都没有的大城市的学校，当然更希望孩子能被大自然包围，能在学校里全力奔跑。大人们也无须在通勤电车上耗费精力，可以和孩子们一同享受闲暇时光，有充裕的时间做自己想做的事。如果这些都成为现实，人们就不会挤在东京这座超级城市里了。

当然，也有很多人希望住在大城市里。喜欢哪种生活方式，哪种工作方式最适合自己，人们能从多样的选项中自由选择自己想要的东西，这本身就很有意义。

多套住房，越来越多

20 世纪以前人类渴望的东西，现在已经大致上都得到了。在发达国家，人们不必为衣食住发愁，寿命大幅延长，不再为死亡而焦虑害怕。移动出行手段和信息通信技术的发展，使得物理空间上的距离越来越小，现代人开始思考如何在这个自由的世界上生活。

对于这个问题，其中一个回答就是把生活据点分割开来，在多处拥有住房。现在移动非常自由便利，平日里去公司上班就住在城市的公寓中，周末就在周边小城市的房子里度过。而且，今后如果将完全自动驾驶投入使用，那么很有可能有些人会从箱根或富士山去东京上班。如果人类能够从驾驶汽车中解放出来，那么在移动中的 1 小时或 2 小时里，可以在车里边工作边通勤。

工作的场所和生活的场所，应当如何设计呢？

总部设立于宫崎县的アラタナ公司（音：aratana）的代表人山本稔的选择非常有意思。アラタナ公司是一家搭建电子商务（EC）网站与开展电子商务特殊化市场服务的互联网创业公司。由于电子商务业的特性，即使在宫崎县也不会因为地理因素而对业务造成障碍。客户中有九成都在东京，山本先生出生于三重县，但是他非常喜欢冲浪，所以就搬到宫崎县生活。他说："从踏进办公室的那一刻起，工作环境就和东京完全一样。但是走出办公室，就可以享受到宫崎县得天独厚的生活环境。"在休息日，他可以尽情享受自己最爱的冲浪运动。

以前的人们在选择工作方式时，余地很小，比如经济增长期，人们要选择是去太平洋沿岸的工业地带工作呢，还是留在当地进入本地企业工作呢？如果选择前者，就要接受远离大自然的生活，如果选择后者，就不得不面临职业受限的问题。但是，现在的人们可以根据自己的爱好选择去小城市生活，同时还可以享受到与东京别无二致的工作环境，想住哪里就住哪里。

アラタナ公司的经营理念中有"在宫崎县雇用 1000 人"，还准备了搬家补贴等，支援那些参加 I-turn、u-turn 项目、把家从东京直接搬来宫崎或搬来再搬回去的员工。

东京的工作方式与少子化对策

不仅是アラタナ这样的创业公司，有些大公司也把小城市作为备选地。有色金属大型制造商 YKK 公司在 2016 年 3 月之前就已经把总部的一部分业务部门迁移到了富山县黑部市。富山县黑部市里有集团公司 YKK AP 的研究开发的据点，他们通过最大限度地利用风力、太阳能、地下水等自然资源，致力于开发控制电力消费的"Passive Town 黑部模型"（黑部节能小镇）住宅区。人们都听说过黑部大坝，这里水资源丰富，自然风光也好，环境非常适合人类居住。北陆新干线通车后，从这里去东京变得方便多了。紧密结合当地特点，推动当地开发，这种方式也要用在今后的产品开发和生产上。

把总部以及总部的业务部门搬到小城市来，员工的居住环境也会随之发生很大变化。房租低，通勤时间缩短，休息时间变长，环境舒适，对于健康也有促进作用。

占据全球工程机械产品市场最高份额的小松集团（Komatsu）也证实了，在东京和小城市的员工的生活方式的确存在不小的差异。

小松集团的总部在东京，但是 2001 年他们的方针里提到，要把总部的一部分转移出东京，现在，总部的一部分已经回归了发祥地石川县小松市。大致划分一下小松在国内的据点，总共有 3 处，分别是总部所在的东京，生产据点大阪—北关东，以及发祥地石川县。他们调查了一下这 4 个地方已婚女性员工的平均生育数量，东京是 0.9 人，大阪—北关东 1.3 ～ 1.5 人，石川县 1.9 人。大阪—北关东的水平和日本平均情况差不多，但是东京和石川的数据差异明显。另外，30 岁以上的女性员工的结婚率也不同，东京 50%，大阪—北关东 70%，石川 80%。虽然公司制度相同，但是东京的结婚率就偏低，而且生育孩子的数量也低。石川与东京相反，结婚率高，孩子数量也多。一般来说“处于管理层的女性往往不会选择生孩子”，但是这种理论仅仅适用于在东京的女性。

2015 年，日本的总生育率是 1.46。虽然稍微上升了一点，但是这么小的规模完全不能让人口减少的车轮停下来。政府虽然在讲少子化对策，但是离出生率 1.8 的目标还是太远。希望日本政府能参考小松集团的事例，从中获得启发。

6-6 诞生在白金社会的新产业

在大都市中思考地方课题的丸之内白金大学

产业变了，如果工作方式也变的话，那么对每个人的知识和能力的要求也会随之而变。白金社会追求的富足和成熟并非能从别人那里获得，而是要自己主动吸收，或者发现的。正因为可以从多种选项当中按照自己的意志来做选择，生活品质才会得到提高。今后必不可少的是为了迎接白金社会而磨炼自己能力的场所。

2016 年 7 月，我们在东京的商业街开设了丸之内白金大学。这所学校的定位是，向更多的人提供学习新知识与挑战的场所，以此为目标开展职业发展讲座。原本以为来听课的对象是在丸之内、大手町、有乐町工作的 40 ～ 50 岁的商务人士，但是当课堂开放后，既有 20 多岁的年轻人，也有已经超过退休年龄的那一代人，充满了多样性。

开学时开设的课程是《地方城市振兴》。大都市的白领们开始思考课题繁多的地方的活性化问题，在大约 4 个月的时间里学习了 3 个案例，并分别给这些案例制订了商业计划。

其中一个例子是鹿儿岛县西南诸岛中的德之岛上的伊仙町。这个人口只有 7000 人多一点的小地方，以长寿和特殊出生率为人所知。保持着长寿吉尼斯纪录的 3 名日本人当中有 2 名都是德之岛出身，这里超过一百岁的人常常保持在 20 人以上，平均期望寿命超过 80 岁。而且，总生育率高达 2.81，相当于日本全国平均水平的 2 倍。连续 2 次统计都是日本第一。

大久保明町长以客座讲师的身份登上讲坛，他谈到高出生率的原因是“因为还有地方的力量，可以在地方养育小孩”。另外，德之岛有名的斗牛活动在现在都非常受关注，“能让男女老少都热血沸腾的能量也许对长寿与高出生率都有促进作用”。

即便如此，伊仙町的人口数量依然持续减少，将来町内生活的活力和工作机会成了巨大的课题。丸之内白金大学的学生们拿到了这个课题，这些生活在大都市的商务人士开始思考解决课题的办法。有的学生把它作为作业，也有些自主来学习的人，每个人都非常认真地思考这个问题。

丸之内白金大学副校长松田智生先生说：“平时在公司里开会的时候要顾及上下级关系，但是在白金大学里，无论从事什么工作，无论年龄高低，所有学生都可以平等讨论，所以会发生意想不到的化学变化。金融人士会说‘社会性很重要’，NPO 的成员会说‘如果没有事业性就不会持续’。白金大学的魅力就在于它能让人发现使自己惊讶的地方——那种意外性。”

在这个课上，除了伊仙町，还讨论了神奈川县三浦市和岩手县八幡平的案例。三浦市是有名的金枪鱼圣地，是个中坚城市，关于它的主题是“健康半岛构想”。八幡平是一个有着温泉与滑雪场的有名的高原度假胜地，但是为了地方活性化，需要商业计划。学生们通过离岛模型伊仙町、近郊模型三浦市、高原度假地模型八幡平这三个案例来学习城市建设。除了在教室里听课，学校还为有意愿的学生提供了实地考察的机会。我希望学完这些课程的学生能够把在这里学到的知识和经验运用起来，将来一定要在地区活性化工作上施展拳脚。

照片 6-5　德之岛伊仙町的大久保明町长（照片来源：丸之内白金大学）

人才培养促成白金社会的建立

白金构想网络组织从设立当初就确定了应当培养拥有区域发展原动力的人才，所以才开设了“白金构想学校”。教学对象是在解决区域课题上必不可少的自治体的职员。而且，我们学员对自治体的情况和结构有一定程度的了解，并且是能够肩负起自治体未来的一代，所以我们避开了年轻人和老年人，选择了中坚人群。

在这所学校中，不仅能够培养学生应对课题时的认识能力、解决能力、领导力、管理能力等实践知识，同时还能够打破自治体的局限，形成新的人际关系网络。虽然他们在 1 个月里有 2 天要到东京来，但是我希望他们可以在课堂上结识抱有同样烦恼的伙伴，认真交换意见，建立起良好关系。

这些学生要把大约 6 个月内的计划整合起来，做成有可能会在自己所属自治体达到效果的实施计划书——《我们城市的白金构想》。这并不意味着要把现有的事业计划重新温习一遍，而是要在区域课题的基础上，提出一个全新的有针对性的解决方案。即便无法马上施行，在这里努力思考构想的经验一定会在区域活动中发挥作用。

白金构想学校即将迎来第 9 期学员。很多毕业的学生提出“希望今后能够把白金构想学校深深浸透在自己所在的区域”，所以从 2014 年开始我们启动了“白金构想学校 @［自治体］”项目。

这个项目的基本想法和白金构想学校一样，但是具体开设的课程会根据各个不同地区的实际情况为其量身定做。例如，某个自治体希望把自治体的职员培养成新时代领导者，那么我们就会以他们为对象主办一场关于区域的课题分析或政策立案的竞赛。另外，也要对普通市民开放门户，打造适合市民参加的竞赛，比如以 311 东日本大地震复兴为主题，结合当地情况，开展多种多样的活动形式。至今为止两年的时间里，我们陆续在爱知县丰田市、宫城县东松岛市、茨城县取手市、埼玉县等大约 10 个自治体开展了活动。前来询问的人非常多，所以也考虑今后会增加此类活动。

白金构想网络组织的人才培养范围已经扩大到了许多年龄段的人。

以初中学生为对象的“白金未来人才育成塾”在暑假期间会有为期一周的合宿活动。与持有不同观点的同龄人聚在一起学习经验，与联合国原副秘书长明石康先生、原田径运动员为末大先生等社会精英组成的一流讲师团队接触，应该会对有着丰富感受力的学生们的未来产生不小的影响吧。这个尝试最初从福岛县会津若松市开始，在千叶县的柏市以及熊本县的菊池市也举办过。大学助教和银发族也参与进来，这所学校正在向着多年龄层的学校迈进。

特色学校也逐渐充实起来。面向初高中学生开设的关于节能创能的学校“白金能源学校”在青森县野边地町和埼玉县开讲了。也有区域医疗中心，汇集了众多保健师的“白金保健师学校”在我国最大的流行病学研究据点福冈县久山町开课了。在东京，与行政的融合效果非常明显。

人才的培养无论是从量上还是质上都日渐充实，但是说到底，白金构想学校就是从白金的种子开始萌发成长的。这颗种子超越了不同领域、年龄层、区域，遍布日本，扎根、发芽、长大。在偏远地方，白金的种子还未苏醒。我们希望白金构想网络组织培养出的毕业生能够找到这些种子，让它们生根发芽。

照片 6-6　白金未来人才育成塾 @ 会津（照片来源：白金构想网络组织）

信息通信技术（ICT）改变教育

在白金社会，教育将成为新的产业。应该会出现至今从未有过的教育吧。在国际化、信息化的洪流中，教育的形式很有可能发生戏剧性的变化。至今，学习扮演着帮助学生习得更多知识的角色。但是，在如今的社会，大量的信息跨过国境互相交融，学生即便学会了再多知识，也没有竞争力。

未来的孩子们，在这个不同文化和价值观融合的全球共同体中，必须要有创造新价值的能力。工业社会转变为信息社会，导致全世界都在追求培养21世纪新型人才的教育模型。

在这里，必不可少的是教育的信息化。电子黑板、平板电脑终端等信息机器以及电子教具也大量登场。开发出影音化的、易于理解的教具，以及使用电脑进行反复型学习等，在教学领域，信息通信技术越来越重要。通过网络教学，教师与学生可以实现远程连接，互相教课，互相学习。如果这成为现实，那么无论你住在哪里，都可以置身于世界最新的教育环境中。另外，今后也很有可能把教室对外开放，可以与学生家长和当地居民边对话边进行教学。

关于信息化、电子化的重要性，我刚刚已经说完了，但是实际上，在教育领域完全没有进行过积极的讨论。尤其在日本，常常有人指责教育信息化的缺点，在这方面我不得不说日本是个意识很落后的国家。总务省的资料显示，日本在学校内外使用信息通信技术学习的学生比率和其他国家相比简直低到令人发指，已经完全落后了。我看了信息通信技术的环境整备情况，文部科学省的调查显示，教学用的电脑普及情况是每6.2人一台。

为了改变这种不利局面，2010年7月“日本电子教科书协议会”（简称DiTT）成立了，目的是让所有的中小学生能够在电子环境中学习。具体来说：①整备1000万台的信息终端机；②开发出所有教学科目的电子教科书和教具；③教室内无限LAN设备率达到100%。目标就是落实以上 3 点。为了实现这个目标，学校、学生、家长等“使用者”，政府、自治体等“官方”，日本电子教科书协议会（DiTT）等“民间组织”，必须三位一体地向前推进。

情况终于开始有了转变。文部科学省和总务省联合起来，在全国的学校开展实证研究，开始正式讨论“电子教科书”制度化的问题，为信息终端和网络环境的整备工作投入了力量。而且，文部科学省看准第四次工业革命的机会，把从小学阶段就要开始导入编程课程写入方针。

在地方自治体，如大阪市、东京都荒川区、佐贺县武雄市、冈山县备前市等，也开始为当地的中小学配备信息终端。现在有 158 个自治体正在导入电子教科书。如果当地的行政长官有意向并努力推进的话，实行的可能性就会更大。

民间企业也摆出了认真的姿态。目前，微软公司、英特尔公司、NTT 集团率先与学校联手，教育信息化的事例越来越多。随着参与企业的增多，提供的服务和领域会更加多样化。越来越多的企业为了函授教育而导入专用的平板电脑。

关于把编程加入义务教育必修课的事情，民间的活动也非常活跃。非营利组织 CANVAS 从 2012 年开始打出了“不是学习编程，而是用编程学习”的口号，与全国的自治体、教育委员会、学校等联合起来，尽最大力量开发课程、培养指导者、整备支援体制等。在近几年里，开设编程课的补习班骤增。期待今后能够发挥民间团体的巨大力量，向学校导入有关课程。

信息化改变的不仅是中小学教育。“日本公开联网教育推进协议会”（简称 JMOOC），将东京大学、京都大学、庆应义塾大学等名校教授的课程在线上免费公开。最初，大型开放式网络课程（MOOC）公开了斯坦福大学、麻省理工学院、哈佛大学、加州大学伯克利分校的课程，如果是处在网络环境下就可以不花一分钱接受世界最好的教育。对于听课的学生来说，选择变多了，但是从大学的角度来看，人们会将其和世界上其他的大学做比较。有人指责大型开放式网络课程有可能会导致大学的商业模型从根本上瓦解。

像这样，信息化、电子化一点点向前迈进，但依然有一大堆课题亟待解决。最大的课题就是成本问题。日本并没有在公办教育上花多少钱。日本公办教育的成本的 GDP 比率是经合组织成员国中最低的。我认为国家应该在教育信息化上多投入资金。

另外，还有一个课题，那就是目前还没有认定“电子教科书”是教科书。按照现有法律规定，教科书的定义是“图书”，如果不是纸质的那就不是教科书。终于能看到文部科学省开始有动向做制度修改了，但是自笔者最初提出这个想法以来，他们已经浪费了 4 年时间。

教育信息化不仅是国家、自治体的课题，也是涉及教育一线、学生家长的全民课题。自治体、政府、国会、民间企业发挥各自的作用，整备硬件，支援教师，制定法律制度等，向着这个方向努力才是最重要的。

照片 6-7　NPO 法人 CANVAS 开展的编程教学小课堂

“社会人教育”将成为新的产业

2013 年英国牛津大学副教授迈克尔·奥斯本发表论文称“随着人

工智能的发展，10 年后大多数人类的工作将会被替代”，在日本引起了轩然大波。从收银员、数据录入员等兼职人员较多的职业，到财务人员、贷款审查员等需要一定知识和经验的职业，各种各样的职业都会被机器替代。

他说的不全对，但有一点是肯定的，在未来有很多工作会消失。现在已经有不少职业因为人工智能而消失了，具有代表性的就是大批量制造产品的工厂。全部的工序都自动化，工业机械越来越完美。在这里人类失去了容身之地。

但是，人工智能也催生了许多从未有过的新工作。

建筑行业是一个人工智能化较慢的领域，但是国土交通省为了提高建设生产系统的整体生产力，打造有魅力的建设现场，开始在建设工地引入“i-Construction”（建设工地的生产力革命）。这样一来，以前需要用手来完成的作业，现在大部分都可以用电脑完成。但是，并不是所有的工作都能够用电脑代替。还是存在一些工作要依靠人来完成，比如维修养护之类的工作。

日本社会中的基础设施不断老化，但是没有比维护那些改建过多次的设备更麻烦的工作了。要求高超的技术就不必说了，材料和操作无法共通而导致的特殊协调，要花费相当高的成本。所以，基础设施老化后，基本上会被放任不管，这也是隧道崩塌等事故时有发生的原因。

现在正在讨论的是，在隧道、桥梁等基础设施内部安装传感器，导入监视系统。传感器和模拟器都是电脑擅长的领域，但是电脑并不能做到实际的维护工作。最适合这个任务的就是一直在建设现场工作的职业工人。如果能教会他们如何操作，就可以把他们培养成有能力做维修养护的 IT 技术人员，那么日本社会的基础设施的保养管理和雇佣问题都会同时得到解决。

受到 IT 化的影响，建筑行业从业者减少也是事实。但是，100 多年前实现 T 型车批量生产的亨利・福特把生产率提高了 10 倍，把汽车市场扩大了 100 倍，把利润扩大了 10 倍。即使不能期待那么高的利润，但如果 IT 化让建设现场的生产效率提高 10 倍，将现有市场扩大，那么包含维修养护的新市场也会热闹起来，雇佣机会也会增加。

有一个词叫“手艺”，但是随着时代的变化，那些用手做的工作，也会发生变化。而且，变化的速度会越来越快，生活在今后这个时代的人要不停地学习新的知识和技术。社会要做的就是必须整备教育与资格制度。

像这样的教育机构或者资格制度培训很有可能会成为新的产业。白金社会需要与之相符的新型教育产业，为之服务的教育与资格制度本身也很有可能成为新的产业。

培养新时代的开拓者

2008 年，东京大学开设了“东京大学经营管理项目”(Executive Management Program，简称东大 EMP)。这个培养领导层的教育课程，目标是培养开创新时代的高素质综合型人才，主要学员是将来有望成为组织干部的 40 岁一代。因为真正的领导者无论处在什么场合都必须要基于自己的知识和多方面思考来行事，所以给他们设计的课程是，先提出令人信服的论点，形成课题，再具体而微地构筑框架，推进课题的解决。

开讲周期每年 2 次（秋季学期、春季学期）；每学期平均招收约 25 名学生；每周上 2 天课，安排在周五和周六，一共要上 20 周的课程。课程由三部分构成，分别是“教养・智慧”“管理”“沟通”，所有讲义共 180 个小节，其中 65% 的内容都是“教养・智慧”的部分。

讲义大半是由100名来自东大的教授负责教授。他们教授的是东大广阔的知识，同时还传授如何开拓尖端知识的思考方法，穿插课堂讨论。目的并不是让学生学习现有的知识，而是让他们理解知识诞生的背景和由来，理解研究人员的思考方式，并立志获得更高一层的洞察力。另外，还会强化打破文化壁垒，将那些在全世界有普遍性的理论进行组合。

通过一系列的课程，知识的结构化、统合化水平应该能实现大幅提升。举个例子，在医学课程中，会学到癌症、老年痴呆症等被治愈的可能性，听课的学生会构筑起共通的知识基础。然后，想象对未来社会造成的影响，和宗教、哲学、思想、经济等结合起来思考，增加思考的深度。学生在这个前提下相互讨论，就会得到更深的理解和新的启示。东大EMP并不是传统的由老师向学生单向传授知识的课堂，而是通过热烈的讨论，教师与学生或者教师之间、学生之间互相刺激，互相学习，以此迸发出新的视点与见解。

另外，在宇宙、粒子领域的课程中，可以学到理论假说的重要性以及新型观测装置与开发机器的必要性。像今天这样，即使理论研究和技术开发进化了，但是还有很多事情是无法仿真模拟的，这种事不太为人所知。领导者虽然不是专门研究这些问题的人，但是他们有必要知道，其实还有很多从外面看不到的实际情况与课题。学生们通过这些课程，再次认识到，今后在许多领域里，那些拼命去做的试错也是有意义的。

在全部课程结束的时候，听课的学生已经掌握了多个领域的知识以及多面的思考方式。而且，结课之后还有机会和当时的同班同学、东大教授一同参加聚会、研究会、参观会等活动。目前，已经有超过320名学生完成了东大EMP的课程。我们计划每年向社会输出50名左右的优秀学员。今后，在社会各界应该都能看到东大EMP学员活跃的身影吧。

图 6-6　东大 EMP“教育・智慧”教育课程的构成

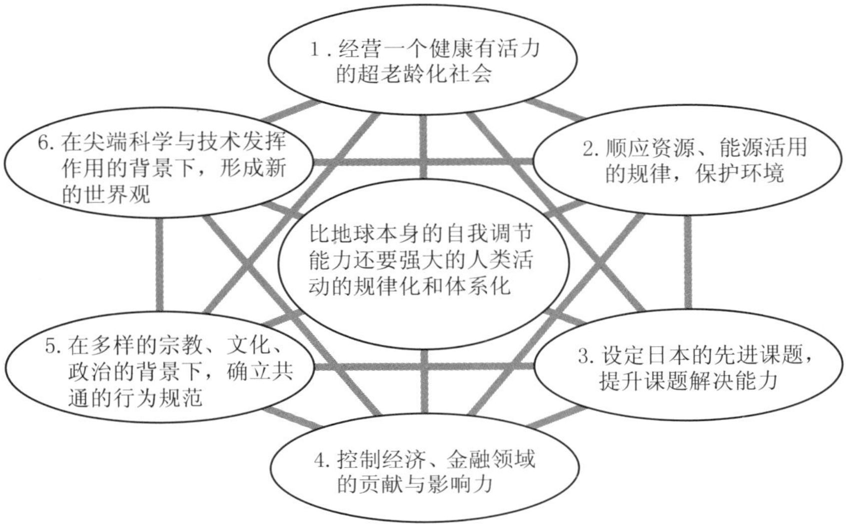

讲义的内容有世界宗教、哲学、思想、经济学、法学政治学、国际社会与日本、农学、医疗・健康科学、制药、生命科学、脑科学、信息科学、媒体论、系统工程、物质科学、物质・能源循环与环境、宇宙・基本粒子、建筑、无障碍设计、老年医学、数学、科学史、认知科学、社会心理学、机器人工程、放射线、日本社会的革新等多种课程

再次质问教育的重要性

自工业革命以来，世界经济活动的年增长率为 3%。今后，发展中国家的成长会让这一增长长期持续下去。于是，到了 2080 年，世界人均所得就和现在发达国家的水平持平了。

但是，当今社会的一大问题是，即使国家之间以及个人之间的经济差距正向公平的方向收敛推进，但仍无法保证可以解决世界各地的区域纷争等问题。另外，如果还是不改变现有的依赖化石燃料的生活方式，那么全球变暖带来的影响会引发新的问题，导致国家之间的差距进一步扩大。

社会风云变幻，国际化加速会推着社会变化的脚步跑得更快。国际化已经不仅仅停留在经济领域了，政治、科学、技术、文化等，所有领域都是相互联系、共通变化的。我不是要否定开发新技术这件事情，但是如果开发新技术的速度太快，把那么多新技术一下子投入社会中，导致社会变化加快，情况反倒会变得更加复杂。因此，我也深切体会到为什么那么多人在做领导时，会感到力不从心。

即便如此，作为世界第三大经济体，为了今后日本的发展，尤其要让领导层理解各领域的最尖端知识及其变化情况，这是非常重要的一点。在这个前提下，有必要强化他们对未来的预估能力和号召力，强化对别国的影响。

另外，并非只有领导层有学习的必要。人工智能、计算机、传感器、机器人、3D 打印等技术越来越发达，现在人类从事的工作在将来有一部分会被它们代替。但是，人类的工作不会马上消失，新的职业和新的工作机会也会同时诞生。到那个时候，如果还是只靠以前的知识和技能就无法应对了。要想在新的业务上取得成果，就必须掌握新的知识和技能。一直以来人们都是从学校毕业后进入社会，通过工作来积累经验，不断学习。但是今后为了能够应对社会的变化，有必要持续更新自己的知识和技能，人们也渴望能够有多种多样的教育系统来支持自己的学习。

将来，启用新系统会提高劳动生产率，所以人们在进入社会之后会有充足的时间和机会继续学习。很多人接受了新时代需要的教育，从事先进的或升级的工作，一定能推进社会的发展吧。

6-7 越发清晰的白金社会

推动白金社会的方法

在日本这个新课题繁多的国家，离岛地区的问题显著，成了“课题发达地区”。

归属于鹿儿岛县的种子岛，人口约 3.3 万，面积约 445 万平方米，南北狭长，有西之表市、中种子町、南种子町，共一市两町。在那些没有通过高架桥与日本四大岛连接起来的离岛中，面积排第 5 位。这里的人口减少和老龄化速度都高于日本平均水平，的确是一个课题发达地区。

在这里，东京大学综合项目机构在 2012 年开设以“白金社会”为主题的综合捐助讲座。以这个讲座为中心，“产”“学”“公”合作推动白金社会的进程，共有 9 所大学（截至 2016 年 8 月）在种子岛开展活动。对于大学的研究人员来说，经由这个机会可以对自己开发的技术进行实证研究，而且有机会刷新这些技术，使之造福区域社会。

在种子岛，有多样的农畜产业，例如甘蔗、安纳芋等果蔬类作物，还有用来制成烧酒或淀粉的非果蔬类作物，以及水稻栽培、和牛育肥等。其中，甘蔗作为岛文化的一部分已经扎根其中了，岛内的甘蔗作为制糖原料，包含制糖业在内的甘蔗产业成了种子岛的核心产业之一。

从甘蔗中榨取蔗糖，经过沉淀、浓缩、结晶化处理等工序，制成糖。这个过程中甘蔗被榨取后的残余纤维叫作甘蔗渣，自古以来就作为燃料在制糖工厂里使用。制糖过程中用到的电和热都由甘蔗渣提供，但是有研究发现，在一般的制糖工厂里并没有完全使用掉甘蔗渣提供的能量。

另一方面，种子岛上重要的淀粉产业和杧果产业，依然通过燃烧化石燃料的方式来蒸发水分和维持温室的温度。虽然这是在家庭中也能使用的通用系统，但是从工程学的角度来看，用化石燃料来获取 150 摄氏度以下的温度未免太浪费了。如果家庭可以使用制糖工厂多余的热能，那么完全可以满足自身的需求。

类似这种不同产业之间共享资源与能源的模式叫作产业共生。这是理想化的模式，但是如果要把它真正落实到地区，就不是嘴上说说这么简单了。除了热量输送技术，还要整理相关法案，还要与自治体构筑联合体制，而且还有必要让生活在这片土地上的人们清楚地感受到这个新模式的魅力所在。这个工作只交给企业和企业老板来做的话确实有些困难。对于这个情况，大学扮演着中立的角色。以大学为主体，针对学术意义从多角度做出说明，产学公合作寻找方法，这才是有效的途径。

在种子岛上已经开展了许多类似的项目。关于甘蔗，2013 年，获得地球环境大奖的原料糖和乙醇逆向生产工序——这一世界首个实证设备诞生了，其中导入了各个大学规划的降低环境负荷的技术，加入了系统性的解析。另外，东北大学通过离子交换树脂法找到了制造生物柴油的新方法，这种方法是把以前那些不能使用的低品质的废油收集起来，让它们流经树脂填充塔，这一简单的操作可以连续制造高品质的燃料。这项走在世界前列的技术的实证设备安置在种子岛，在这里还实施了高压共轨发动机的运转实验。

此外，京都大学、奈良先端科学技术大学院大学、熊本大学的研究人员，通过使用穿戴式传感器计测心跳变化，提前确认中暑等影响自主神经的心跳状态，开发了能够监测并提前预警的机制，并开始收集这种在世界上都稀有的健康管理数据。

在县立种子岛高中，东京大学、东北大学、神户大学的教研人员向学生介绍种子岛上开展的研究，同时，高中生使用区域经济分析系统（RESAS）定量分析当地的课题，认真设计解决方案。学生们可以把自己的研究成果带到地区首长、业界团体、当地居民汇聚一堂的研讨会上，作为新的意见提出来，通过和公共团体的年长者交换意见等方式，开始新一轮的知识传承与融合。

向着白金社会开始前进的区域散发出的魅力，逐渐影响了大学研究人员和未参与的企业。东京大学在设计面向本科生的"体验活动"课程时，

图 6-7　在种子岛开展的农林工合作系统概念图

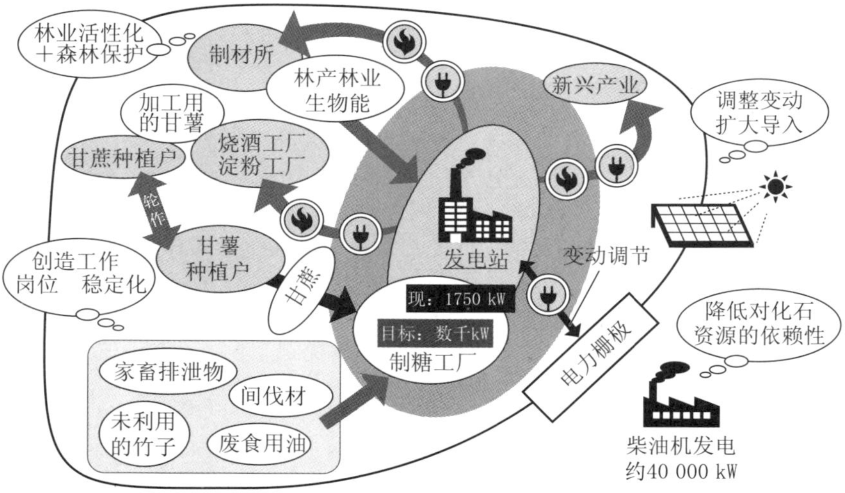

出处：Kikuchi Y. et al. *J Ind Ecol*, DOI：10.1111/jiec.12347(2016)

于 2016 年度提出了开设种子岛的农林水产业和区域活性化项目等与解决方案有关的课程。自课程开课以来，到了第 5 个年头，这是首次有人主动提出的方案，也是所有 443 个课程中，报名人数最多的关于日本国内发展的课程，在包含了海外课程以内的热门课程中也名列前茅，看得出来首都圈的大学生非常向往能在变革地区体验一番。像这样，接下来还会有越来越多的新的知识交流活动。

白金构想网络组织与白金大奖

白金社会是成熟社会中的一个成长模型，是每个国家无论城市、郊区还是离岛都追求的成熟的、高质量生活的愿景。但是，每个区域的具体做法都不尽相同。放眼整个日本，可以看到各种各样充满了智慧与心血的事例。如果几个区域都有着相似的课题，那么从旁人那里可能会找到有参考性的事例，也可能从那些事例中得到鼓励和启发，互相交换智慧与想法有很大概率会促成新智慧的产生。众人拾柴火焰高，力量强大到一定程度，就有可能逆向迫使法律法规或社会制度发生变革。

抱着这种想法，2010 年 8 月，我与 46 名发起人共同成立了白金构想网络组织。虽然我知道必须要有社会变革，但是要让整体社会同时动起来是不可能的。首先要有冲在前面的人，而且越多越好，快到临界点的时候，全员就会行动起来。我在这里召集起来的伙伴，就是这场社会变革的先驱者们。

转眼已过了七年时光。截止到现在，也就是 2018 年 2 月，白金构想网络组织已经拥有法人会员 86 名，自治体会员 157 名，创业公司会员 5 名，特殊会员 65 名，海外会员 6 名，合计 319 名，发展成了一个庞大的组织。就像前面我一直说的那样，白金构想网络组织不仅开展了许多人才培养的课程，而且为了扩大共享先进事例还发行了《白金构想手册》。此外还举办了研讨会，设置健康经营等个别工作小组，深化讨论等，活动多种多样。

其中有一项不得不说，那就是在 2013 年启动的“白金大奖”，每年都有许多媒体报道，感谢这些媒体让越来越多的人知道了白金社会的理念。在这里我想表扬的是那些通过变革创造新产业、制订良策解决区域课题的自治体、企业、团体。他们用自己的努力，把白金社会的理想状态呈现了出来。

《白金构想手册》的制成

为了把这些先进事例宣传出去，我们制作了《白金构想手册》。一路支撑着昭和三十年代到四十年代经济高度增长期的是工业化社会中工厂的实地宣传。那个时代的人们研究了工厂的实地宣传和横向推广的方法论，把研究成果用教科书、手册、指南的形式归纳整理，支撑着工业化的发展。为了早日实现白金社会，也必须要继续创造出类似支撑工业化时代的横向推广的方法。图 6-8 显示了《白金构想手册》中的事例的结构分析与整体形象。

《白金构想手册》记述了以下内容，我把它们汇总如下：

①（区域）抽出课题，设定目标；

② 实施的事业（具体内容、时间安排、费用、体制等）与成功的要因；

③ 区域资源的活用；

④ 结构与制度；

⑤ 现有的成果与今后的开展。

首先要明确构想具体的事业（项目），在此基础上抽出课题，设定目标，更加单纯化、明确化有利于事业的成功。尽可能把实施项目的具体内

图 6-8　打造白金社会的方法——《白金构想手册》的结构

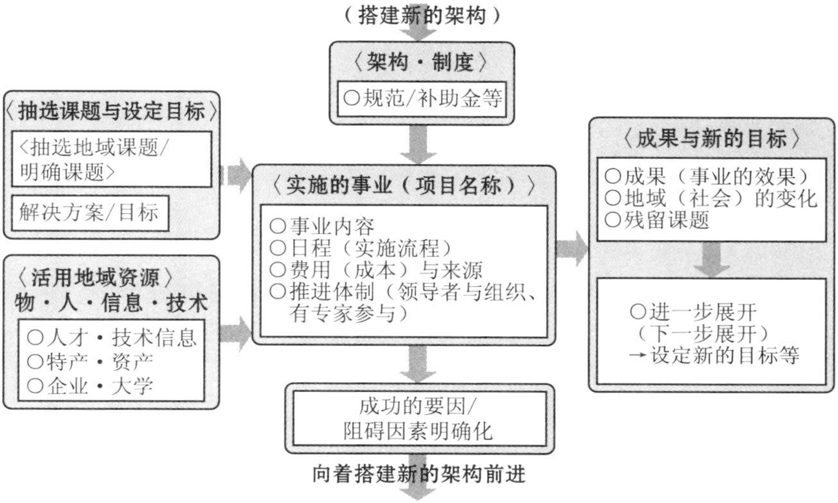

容、时间安排（项目的流程）、费用、专业领导的参与等推进体制以及事业成功的要因都记录下来。③和④的前提是实施事业，③包含了重新审视、重新发现有当地特色的资源，④记述了规则和可以使用的补助金等。今天，活用特别区域制度、试图缓和规则制度的事例会越来越多，接受它带来的结果，就会得到缓和的规则制度以及新的支援制度。

为了向其他地区展开，就要把事业成果对当地社会的影响尽量用数值体现出来，正确、详细地掌握实际情况。另外，事业的持续发展可能会给当地社会带来更大的冲击，所以也有必要记录进一步的展开。

贯通整个手册的想法是“为了更加清楚地表示‘因果关系’，要尽量把 Input-Output（输入一输出）的关系清楚地结构化”，这个想法是以 IDEF 分析法[①]为基础，想象并归纳总结后得出的。

比起事例，手册里收录了更多成功的要因和事例发展的过程。

① ICAM DEFinition method 的缩写。

例如，手册里收录了海士町的事例。当地高中在面临废校的关头，做成了“岛留学”的项目，增加了学生人数，这是因为町长和岛民共同抱有“高中的存亡关乎小岛存亡”的危机感，整个町都在努力改善，同时，还从外部聘请专业人才，分工合作，这就是他们成功的要因。从这些尝试中诞生了町民作为讲师来实践社会教育、开设公办补习班等岛上独特的模式，这些模式又不断被应用到实践中。

在丰冈市，彻底活用“鹳”，推进品牌化。换句话说，从成功孵化鹳开始，到鹳回归大自然——这期间进行了无农药、减农药耕地的开发，基础设施的整备，使大米免受农药污染，最终实现了“养活鹳的大米”的生产和品牌化——到了今天，为了进一步发展环保型经济，努力招商引资，丰冈市一步步向着环保型经济城市的目标迈进。

《白金构想手册》收录的事例超过了30件。今后还会继续收集、分析事例，将来会有更多不同领域的事例供读者参考，希望能够与各地的实践活动联系起来。

我从以前就认为所有组织的理想状态是自律分散协调型。例如，人类的身体里，心脏、肝脏等脏器各自有规律地发挥功能，所以整体才形成了一个生命系统。运营一个组织也是同样，虽然每个要素都能自由活动，但是在必要时我希望它们能够达到整体平衡。白金构想网络组织也立足于这个理念之上。

推动岛前高中魅力化项目的海士町、挑战零废弃的上胜町、创造奇迹的Yanedan集落、以二子玉川为中心的白金三角等，各个区域的奋斗目标都是各色各样的。这些多样的社区虽然是独立存在的，但是在信息和交通自由的环境下，能有机地联系起来。日本白金社会的样子就是自律分散协调型的。接下来，从日本扩展到全世界，就会出现21世纪理想中的世界。

6-8 白金社会与“展望2050”

我在 20 世纪末提出的“展望 2050”，是从物质和能源的角度来思考地球可持续发展的宏观展望。由于当时没有思及生活方式和社会制度，所以在 21 世纪的前十年，我又提出了一个新展望，那就是：日本面临的课题很多，应当立志成为擅长解决课题的国家。围绕这个话题所阐述的具体情形就是白金社会。

如前所述，白金社会的萌芽已经遍布日本了，绝非纸上谈兵，实践实干的展望已经广泛渗透了。不必言说，如果地球不存在了，白金社会就不成立，地球可持续发展的计划离不开白金社会的构想。从“展望 2050”开始的一连串的展望都是相互关联的，它们的一体化烘托出一个更宏大的世界观。

本书的主题“新展望 2050”即诞生于此。未来人人都追求更高的生活品质，各个区域因自己独有的魅力而闪光，这将会是一个经济增长与低碳化共存的可持续发展社会。“新展望 2050”合理地表现出它的可能性。

前路崎岖。多的是不得不跨越的壁垒，少不了相互妥协才能解决的课题，也可能发生需要修改方针的情况吧。即便如此，也要在这条路上走下去。那是因为，“新展望 2050”在前方开启的，必将是一片明朗的未来世界。

图 6-10　白金社会（图片来源：白金构想网络组织）

特别访谈

访谈1 “丰田环境挑战2050”战略

内山田竹志
丰田汽车公司董事长

内山田竹志

丰田汽车公司董事长。1969 年毕业于名古屋大学工学部，进入丰田汽车工业公司（现丰田汽车公司）。先后担任常务、专务、副社长、副董事长，2013 年 6 月就任丰田汽车公司董事长至今。兼任日本总务省情报通信审议会会长、内阁府综合科学技术创新会议的非常勤议员等。

脱离原定战略的挑战

丰田汽车公司在 2015 年 10 月公布了“丰田环境挑战 2050”战略。

该战略提出了“新车二氧化碳零排放”“工厂二氧化碳零排放”等高目标，究竟是为了什么呢？

小宫山：公司内外对于“丰田环境挑战 2050”战略反响如何呢？

内山田：这是一个相当大胆的目标，公布这样的数值目标，需要相当大的决断力。公司内部当然是引起了轩然大波，公司外部的零部件供应商也非常吃惊。“丰田汽车公司为什么要说这种话呢？”但是，大家的确也向着这个目标，提出了很多新的方案。可以说，丰田集团的所有公司，都已经宣布今后将朝向同一个目标努力。

小宫山：这样啊。

内山田：1997 年我们推出普锐斯的时候，虽然宣传的是这款车可以节省油费，还能减少二氧化碳排放量，但是单靠普锐斯这一款车，并不会在节能减排上做出多么大的贡献。一旦顾客认同了各家车企的减排课题，就意味着一款车的环保性能会影响到它的销路，这也是各大车企竞争的一个方面。混合动力车自然不用说，一般的汽油车和柴油车的燃油费也会降低，二氧化碳排放量减少了很多。其实就像这种竞争一样，并不是只有丰田一家提出这种目标，我们要做的是集结更多志同道合的伙伴，大家一起朝着这个方向前进，这才是重要的。

气候变动带来的冲击

小宫山：在“丰田环境挑战 2050”中提到了 3 个“向零极限挑战”和 3 个“开展正能量挑战”，您能不能简单做一下说明？

内山田：“向零极限挑战”，首先是“挑战新车二氧化碳零排放”。准确地说，相较于 2010 年，2050 年全球新车平均行驶过程中二氧化碳排放量削减 90%。第二个就是从制造汽车材料到车辆报废的整个生命周期中，力求实现二氧化碳零排放。第三个挑战对我们来说是一个相当大的冲击，那就是挑战汽车生产工厂二氧化碳零排放。在生产过程中要尽可能零排放，在汽车行驶过程中也要尽可能零排放。

“开展正能量挑战”的意思是，不能满足于二氧化碳零排放的目标，虽然现在也没有什么负面因素，但是今后要挑战构建更好的社会，第一个就是关于水的挑战。实现工厂用水量最低，并且将排水对环境的伤害降低到最小。第二个就是从报废车辆中回收汽车材料，循环再利用。最后一个是，通过植树造林和保护生物多样性等自然保护活动，将积累的知识与经验推广到周边社会甚至全世界。

我们把这些努力合在一起，向着 2050 年这个时间节点前进。尤其是“向零极限挑战”，如果无法突破生产过程零排放这个难题，这个目标就失败了。设定一个有挑战性的目标，首先自己要认识到这是一个在目前的基本方针里无法做到的事情。我想这样就会萌生出各种各样的新想法吧。

小宫山：我也很高兴能听到“丰田环境挑战 2050”。这毕竟是丰田提出的挑战啊。相当全面。说来也巧，我在 1999 年出版的《地球可持续技术》中提到的“展望 2050”的理念和丰田零排放挑战的想法非常相似。现在，我们努力构建的白金社会也和 3 个正能量挑战不谋而合。对此，您会怎么总结呢？

内山田：小宫山老师提出的白金社会的确和丰田零排放挑战的想法相通。思考一下社会的理想状态，其实大家的目标都是一样的吧。

小宫山：在丰田公司内部有讨论过吗？

内山田：以公司的环境部门为中心讨论过。我们的愿景主要是，向世界提供更好的商品，提供更好的汽车，让顾客露出满意的笑容，所以我们不断强化经营基础，持续开发新产品。有句老话，也写在了《丰田纲领》里，这个词叫“产业报国”。我们就是想通过汽车产业向世界做出贡献。这种价值观已经渗透进公司内部了。我们并不是为了获取利益而造车，而是通过造车，在世界中发挥自己的作用和价值。当我们进入公司的时候，就必须要知道，要向客户提供值得信赖的、高性价比的汽车，所有人都能乘坐的汽车，重要的是提高汽车的便利性。之后，我们推出了普锐斯，开发出了燃料电池汽车等，通过开发制造这些高环保性能的汽车，向世界做出贡献。

在我们思考下一个主题的时候，让我们感到不安的就是气候变动带来的冲击。据 IPCC 的报告，21 世纪末必须要让温室效应气体的排放降到零甚至负值。但是，这不是我们马上就能着手对应的事情。所以，我们把目标放在了在 21 世纪末之前的 50 年，也就是 2050 年。

小宫山：公司内部有没有人提意见说做不到呢？

“做那些不得不做的事情吧”

内山田：公司内部讨论的是，是否应该把“新车二氧化碳零排放”和

“工厂二氧化碳零排放”这两个数值目标放进去。

小宫山：您也在后面推了一把，您说过“不是做能做到的事，而是做不得不做的事”。

内山田：这种话平时也经常说，这次我说的时候心里特别澎湃。如果在零排放的条件下能造出汽车，那真的是一件相当不得了的事情。

在我们开发混合动力车和燃料电池车的时候，起步阶段相当艰难，但是也有很多时候，一旦确定了完成期限就一鼓作气做成了。当然，不可能现在马上就做到，但是我认为如果设定好了目标就开始动手做的话不就能成功吗？公司内部的反响并没有特别不乐观。

小宫山：有个词叫 backcasting，就是“反推”的意思。确定一个将来要做到什么程度的目标，就可以知道自己应该在哪些技术上做出努力了。

内山田：的确是这样。

小宫山：对于技术人员来说这是个很大的刺激吧。

内山田：是的。虽然目标已经设定好了，但是大家都认识到这条路非常难走。就拿普锐斯来说，刚上市时并没有马上普及，更可怕的是当时公司已经出现赤字，如果还是按老方法去推广这款车，那么赤字肯定会越来越大，说得夸张一点，公司很有可能因为普锐斯而垮掉。为了普及这款车，不得不把成本控制在混合动力车刚刚能够创造利润的程度。而且，只靠量产无法大幅削减成本，因此在对普锐斯进行产品更新的时候，我们重置了整个混合动力系统。相较于初代普锐斯，二代普锐斯的混合动力系统成本是初代的一半，三代普锐斯（的混合动力系统成本）是初代的三分之一。

小宫山：这就是量产的效果啊。

内山田：与其说是量产的效果，不如说是改变设计的功劳更大些。

小宫山：真的挺意外的。

零部件供应商非常重要

内山田：“丰田环境挑战 2050”也是同样。因为本金不是天上掉下来的，所以我们必须一边赚钱，一边向着目标努力。

还有一点，那就是零部件供应商是否加入研究开发的竞争中，这也很重要。初代普锐斯的主要部件都是由丰田自己开发制造的，但是我们认为这是一个新的商业机会，如果零部件供应商也能加入进来，那么整体的工程师数量就会大幅增加。这些工程师会投入激烈的竞争中。所以，我们充分认识到了利益相关者的重要性。

“丰田环境挑战 2050”并不是丰田随便定的目标，也不是单靠丰田自己努力就能实现的目标，这一路上少不了设备供应商和零部件供应商还有物流公司的力量。并且，今后还要依靠能源公司。为了让新车的二氧化碳排放量降到零，我们也在致力于打造燃料电池汽车甚至“氢经济”。日本在建设氢能基础设施，重要的是能源行业也参与进来。如果想着“既然丰田能造出燃料电池车，那么也请造出加氢站吧”的话，就没有人会去做。正因为大家都认为氢气是重要的基础设施供应源，所以，我们就从现在开始想办法造出使用氢气的汽车。

小宫山：要求工厂二氧化碳零排放也是个难题啊。

内山田：阻碍零排放造车的最大问题是炉子，比如涂装的炉子之类的。

小宫山：工厂里有那么多炉子吗？

内山田：其他还有锻造工序。加热材料后要冲压，这里也会用到炉子。在电池生产车间，也必须要用到干燥炉。

小宫山：干燥炉要烧到多少摄氏度啊？

内山田：如果是锻造的话要烧到接近 1000 摄氏度。涂装的干燥炉倒是不需要达到这么高的温度。不管怎么说，为了节能，大家都在思考要怎么做才能把炉子的全长缩短。最近不需要通过炉子就可以锻造轴状零件，用高频加热就可以成型。用电加热，大大减少了能耗。

小宫山：如果今后逐渐开始用电气加热的话，可再生能源的使用就会容易得多。

内山田：所以，我对技术的进步是抱着乐观态度的。

为了跨越约定的中长期目标

小宫山：丰田在去年 10 月公布“丰田环境挑战 2050”，是因为意识到去年年底要召开第 21 届联合国气候变化大会（COP21）吗？

内山田：是的啊。

小宫山：您一定非常认同参会人的想法吧。

内山田：人类已经没有退路了，所以先不说我有多么认同，至少我清楚自己是认同的。不仅是政府，各种社会团体也对他们施压了吧。

小宫山：我当时说过自己非常认同。世界的两大二氧化碳排放国——美国和中国已经开始减少二氧化碳排放了。这两个国家采取的都是积极的态度。

内山田：日本的二氧化碳排放量只占全世界的 4%，即便让日本零排放，全世界的情况也不会得到显著改善。就像您说的，中国和美国这样的高排放量国家加入世界组织，努力减少排放量才是重要的。所以我在思考，像日本这样有着发达环保技术的国家应该怎样做出贡献呢？

小宫山：如果这方面不加把劲的话，很有可能就会被环境反扑。我曾经用 1995 年前后的数据，把产品目录上的汽车全部调查分析了一遍。我发现，同等重量的汽车，日系汽车要比欧美系汽车平均少花费 15% 的燃油费。我又用 2015 年的数据调查分析了一下，日系的普通汽油车、柴油车和欧美产的已经没有多大差距了。

内山田： 就像前面提到过的，混合动力车的问世让全世界的汽车厂商卷入燃油价格竞争中，政府因此出台了限制措施，而且越发严格。我们也非常痛苦，但是政府的措施对所有厂商都一视同仁，我们只能想办法在这个艰苦的环境中胜出。

小宫山： 是啊。如果大家都参与进来，尤其是中国和美国能加入，那么限制措施越严格，日本就越有优势。

内山田： 的确，也有人说越严格越好，但是这样就会给用户增加很大负担。要想控制成本不上升，就必须花时间。要大幅改善燃耗，就要开发并导入全新引擎和平台等，产品更新时就是最佳时机。所以，我们不可能说突然一下子从明年开始就改善 20%。就像 COP21 上通过的《巴黎协定》那样，中长期目标才是重要的。

小宫山： 面向 2050 年的各种行动已经开始了吗？

内山田： 已经开始了呀。具体的我还说不上来，比如炉子之类的，现在的燃料已经换成天然气了，但是是不是要开始试试燃烧时不产生二氧化碳的氢气呀。截至目前，丰田内部还没有人会考虑这么多。这是一种全新的设想。这 3 年间丰田都没有建新的工厂，但是接下来要为了下一步的发展而开始建造了。因为不得不去尝试有可能实现的技术，所以在这个地方要不要加入新的想法，我们在进行各种各样的讨论。在 2050 年要在汽车制造过程中实现二氧化碳零排放，这不只是 1 家工厂要实现的，而是全世界所有的工厂都要实现的，所以难度相当高。

小宫山： 如果成功，成果将是巨大的，丰田一定要加油啊。

内山田： 即便如此，1 家公司的成果与世界的问题比起来，略显渺小。就像刚才谈到的那样，只有大家携手共进，才会有效地改善气候变动问题。

坂根正弘
株式会社小松制作所顾问

访谈2
地方创生与新型工作方式

坂根正弘

株式会社小松制作所顾问。1963 年进入小松公司。先后担任顾问、小松德莱塞公司（现小松美国公司）社长、小松公司社长、会长，2013 年起担任顾问至今。兼任日本国家战略特别区域咨询会议议员、日本综合资源能源调查会会长等。

地区活性化有助于增加竞争力

小松公司将总部的一部分职能部门转移至发祥地——石川县小松市，致力于地方的活性化。我们来听一听以“地方”为关键，提高竞争力的小松的经营之道。

小宫山：今天我想请教坂根先生 3 个问题。小松把一部分总部职能部门从东京转移出来，是为了今后在小松公司实现更加多样的工作方式吗？将会怎样实现呢？另外，在全日本，今后为了地方创生，有必要做出哪些对策呢？

坂根：那么我就简单说说吧。在安倍政权开始之前，自民党还是在野党的时候，他们提出“希望从日本经济再生总部的成立开始说”，于是我就去了一趟自民党的总部。我记得当时第 1 次会面，在那里我说了，日本现在面临的课题是通货紧缩以及地方创生。在思考通货紧缩和地方衰退的时候，小松就是整个日本社会的缩影。

首先我们看通货紧缩，我指的是哪种意义上的缩影呢，想必小宫山先生也知道，小松推出了智能施工（Smart Construction），它是一个应用了物联网（IoT）的施工现场解决方案。说到为什么要开始推广它，那是因为在全世界，日本在建筑机械的销售上真的是最不赚钱的。别看日本国土狭长，但是建筑机械卖得可真多。这是为什么呢？在建筑施工行业，大型公司的工程会有 4 次甚至 5 次外包，这种纵深发展的外包形式导致和工程相关的供应商特别多。大家都会购买或者租赁机械，但是使用率却特别低。所以如果建筑机械卖得不便宜就不划算，日本的建筑机械价格在全世界是最低的。和中国相比，虽然还受到汇率的影响，差不多也便宜三成。

小宫山： 原来如此。

坂根： 在日本，客户数量大所以卖得好，但是不挣钱。说个比较极端的，如果只是靠卖机械、提供服务，那么我们在日本国内是维持不下去的。另一方面，小松在智利和澳大利亚的大型矿山实现了无人驾驶自卸货车运行系统，这深刻关系到客户对矿山运营的改善工作。无论在安全性还是效率上都提供给客户巨大的附加价值，所以我们的回头客有很多。像这样，我们不仅向矿山的客户提供现场改善和解决方案，从 2015 年开始，我们为了向一般的土木建设现场提供改善和解决方案，开始在全日本推广小松的智能施工。首先，施工现场的管理人员看的图纸通常是平面图，无法准确把握地形的情况，于是小松就想到了三维测量，使用无人机拍摄测量。在工程图中加入了三维尺寸，使用半自动的小松 ICT 建筑机械进行作业。仅仅通过这种方法，现场施工速度就加快了许多。但是这次，发生了运沙土的自卸货车没有在合适的时间点到达的状况，所以我们也投入了生产管理的技术，同时制订施工计划。在日本国内，已经有超过 1000 个建设现场导入了小松智能施工。如果持续下去，在将来，日本就不需要现在这么多的机械和人力了吧，而且全国的生产效率都会提高。

小宫山：将来会变成什么样呢？

坂根：比如说，使用无人机进行三维测量的效率具有压倒性的优势，那么首先就可以不再需要以前那些投入在二维测量上的人员和工时。其次，土木行业特有的外包结构的意义就不复存在了。应用物联网实现可视化，持续改善生产现场，承包人和施工人的效率都会提高。土木行业的产业结构会由此发生变化。所以，物联网的应用，相当于在日本这个无论哪个行业都存在玩家太多而导致的消耗战问题上开刀。我是觉得，日本这么小的国家有 1.2 亿人口，还说劳动力不足，这难道不奇怪吗？从一个行业退出的人应当转战其他行业，但是在日本没有发生这种变革，所以才说劳动力不足。

小松的做法是，做一次大的结构调整，减少人员，撤回那些在全球都无法跻身前 2 名的业务，现在做的就是积极应用物联网开展新业务。摆脱通货紧缩也是差不多这样的情况。无论政府和日本银行采取怎样的金融缓和政策，只要民间没有当事人意识，不采取行动，那么就绝对摆脱不了通货紧缩。

小宫山：有人说人工智能和 IT 化会剥夺大批量的工作机会，对此您有何看法呢？

坂根：说到这里，我认为智能施工就是一个最有代表性的例子。就像我刚才提到的，的确，土地测量师已经失去了存在的必要性。但是，在看那些拍摄好的三维图像时，有测量经验的人能够非常准确到位地解读数据。所以，我不觉得技术的进步会导致所有的工作机会都消失。要说的话，AI 和 IT 会催生许多能够产生新附加价值的工作机会。

小宫山：如果是这样的话就再好不过了。可是真的能实现吗？

坂根：我觉得可以。日本有个问题，那就是企业里养了很多闲人，你不觉得劳动人口太多了吗？所以不就是不得不改变吗？

日本工厂的竞争力

小宫山： 地方创生方面您有怎样的故事呢？

坂根： 我们公司名字的由来就是石川县小松市。很少有企业会像小松这样用发源地来做自己公司的名字。

小宫山： 听您这么一说，好像还真是。

坂根： 我说小松是日本的缩影，意思是，第一次世界大战结束后不久，小松就在石川县成立了，当时已经建好了工厂。之后，总部从石川县迁到东京，又因为工厂开在石川县，和经济较为发达的太平洋沿岸进行产品输出和经济活动时有很多不方便的地方，所以小松就开始在大阪和关东一带建工厂。当时赶上日元升值，于是小松开始在海外建厂。这就是为什么小松起源于石川县，继而走到太平洋沿岸甚至海外。

小宫山： 原来如此。

坂根： 话说回来，我在 2001 年成为小松的社长，试着审视了一下日本的竞争力怎么就变得那么弱了。于是，我们开始开展各种业务，开发各种产品，虽然在总部部门和 IT 等间接业务上做了些无用功，但在纯粹的生产制造方面并没有亏损。事实上，只看变动费用这一项，当时 1 美元差不多相当于 72 ～ 73 日元。因为变动费用这一项没有亏损，所以我们决定重新修改日本的生产投资战略。

小宫山： 只有小松是 72 ～ 73 日元吗？

坂根： 虽然我刚刚说的只是小松这家公司的情况，但是在其他公司，如果只是比较变动费用的话，大概是 1 美元相当于 110 ～ 120 日元的水平，所以小松应该还是有国际竞争力的。但是，日本的企业不会采用支付变动费用的方式，什么意思呢，就是经营者一直深信，现场雇佣是无法插手的固定费用，而不是变动费用。全世界只有日本不觉得这一项是变动费用。如果把雇佣作为变动费用，以小松的状况来看的话，现在日本确实稍稍落后于中国和泰国，但是绝对能赢过美国和欧洲。小松看来还会再次回归日本，这五年一直都在日本本土建造工厂。

小宫山：工厂建在哪里呢？

坂根：主要建在离港口近的地方，比如石川县的金泽市和茨城县的常陆那珂市。因为要直接出口国外嘛。一般来说会从金泽运到韩国的釜山港，从那里输向全世界。

小宫山：那是因为釜山港现在成了中枢港了呀。

坂根：现在，营业额 2 兆日元当中只有两成是从日本国内获得的，但是有五成的生产是在日本国内进行的。

小宫山：原来如此。

坂根：所以，现在还没到对日本丧失自信而离开日本的那一天，要相信日本的实力，我们日本人要重拾自信，要在国内投资事业，所以我说小松就是地方创生的缩影。但是，即便我这么说，如果通货紧缩持续下去，很可能在日本本土的营业额会从两成变成一成。连我们都无法在日本维持生产规模，所以首先还是请政府解决通货紧缩的问题吧。

总部职能转移一部分，育儿数量增至 3.2 倍

小宫山：在 2002 年小松有一部分总部职能部门迁到小松市了吧？

坂根：当时，东京总部大约有 1200 名员工，但是我们认为其中有些部门的人还是离生产现场越近越好。首先，我们迁移了采购部门。之后在 2011 年把分布于全国的培训小组整合起来，在小松当地成立了国际研修中心。石川县有个小松机场，可以直飞成田机场，也可以直飞韩国的仁川机场，所以即使员工从全世界过来研修，都非常方便。

小宫山：原来如此。

坂根：这所研修中心每年会有 3 万人过来研修。这些人的饮食、住宿，都分配给了一直不怎么景气的当地外卖行业和住宿设施。结果就是，这 3 万人为当地带来了年均 7 亿日元的收入。

小宫山：这样啊！

坂根：在东日本大地震之后，如果在国内工厂进行设备投资的话，我们特别看重节能这方面，也做了很多努力。小松在日本国内建的工厂，有很多都始于经济高度成长期（1954 ～ 1973），差不多一半的工厂自建成以来都超过了 40 年。在 2014 年新建的粟津工厂内的建筑机械组装厂，单位产量的耗电量减少了九成。

小宫山：是如何做到减少九成的呢？

坂根：我们采用了比较有新意的做法，利用了地下水资源。当我们商讨削减用电的方法时，有员工提出“为什么你们抓着太阳能、生物能、风力不放呢？石川县有那么丰富的地下水资源啊”。地下水的温度是 17 摄氏度。

小宫山：那看来就不需要冷气设备了。

坂根：反倒是提供给冷气设备的能源不足，我们才开始考虑生物能。当地有一些间伐材，我们用它们来发电，利用热能供暖。工厂里所有生产设备都可以节能，在此基础上，单位面积的生产效率翻了一倍，使用太阳能、地下水、生物能等可再生能源，使得耗电量减少了九成。我们打算把国内其他的工厂也像这样重新改造一下。

小宫山：总部迁出还有一个理由，是看到了女性员工生育率决定的吧？

坂根：最近的数据显示，30 岁以上已婚女性的平均生育数量，在东京是 0.9 人，在石川县是 1.9 人。如果只看石川当地的管理人员，这个数字可以达到 2.9 人。而且，东京的结婚率只有 50%，但是石川有 80%。总体来看的话，石川是东京的 3.2 倍。

小宫山： 真厉害啊！

坂根： 我有时候会和管理层的女性员工面谈："您有这么多孩子还能持续做管理岗位真的很厉害啊！"虽然我只是开个玩笑，但是员工会认真地回答说："我们家三代人住在一起。孩子的爷爷说'孩子我们来照顾，你放心工作就好'，所以我工作起来没负担。"

小宫山： 相反，在东京，女性一旦离开工作岗位成了专业家庭主妇，几乎就等于一辈子要和孩子待在家里了。有不少虐待儿童的案件都是主妇做出来的。由此可见育儿环境真的很重要。

坂根： 暂且不说那些不想要小孩的人，还有一些想要孩子却无法生育的人。我有 3 个孙子，我今年 75 岁，也会觉得到了这个年纪没有孙子的话就太孤独了。所以，对于高龄者来说，三代人住在一起的确给我带来了很大快乐。在小松市，有两成以上的人，虽然三代不住在一起，但是都住在市区内，离得不远。日本的好处指的就是这种社会啊。

小宫山： 公司内部有没有人反对总部搬迁一部分呢？

坂根： 有啊。首先就是我太太。当时她看到当地报纸上刊登了"小松总部全部迁移"这个消息，于是就问我，"孩子他爸，这是怎么回事？要去你自己去，我可不去！"所以在迁出采购部门的时候，我对这个部门大约 30 人提出了这样的条件——"你们能不能先去 3 年啊。3 年里我们会找当地的人接手你们的工作，如果想回东京的话可以回来"。之后，有些人在小松当地买了房，举家搬到小松居住，竟然只有很少一部分人回到了东京工作。

老员工 OB、OG[①] 担任小学生的理科教育

坂根： 要想在将来也维持住石川这个据点，就必须要扩大，也不得

① Old Boy，Old Girl。

不持续雇用年轻的劳动力。查查看就知道，石川地区的员工每10人中就有1人要兼顾农活。因为许多人不得不在业余时间做农活，于是小松在2013年就开始向农业和林业提供技术支援。在农业方面，我们研制出了智能施工的ICT推土机。我们的员工问农民："为什么大米的品质变化如此之大？"他们回答"如果水田是完全平整的话，大米就会有同样的品质"，所以我们就利用ICT推土机来平整水田。于是，"既然这么平的话就没必要插秧了，直接撒种子吧"，就试了试。去年，真的生产出了好吃的大米。之后也向其他地区推广了直接撒种子的做法。

小宫山：效率没有降低吗？

坂根：还提高了两成呢。因为不是水田，所以即使是没有经验的年轻人也能做到。现在已经在全国推广了。

我想说的是，要把地方的范围一点一点扩大。重拾对于竞争力的自信，从东京回到曾经离开过的石川县，回到小松的原点，从向工厂导入节能和生物能开始，也要支援当地的农林业。如果做到了这一步，日本农协（JA）、县、当地银行也会说"我们也为农业出一点钱，支援提高生产率吧"。

研修中心也是，如果只让小松内部的人使用，未免太浪费了。我们想，要不然让它也成为当地小学生的理科教室吧，于是我们就从智利运回了轮胎直径4米、单价约5亿日元的世界最大的自卸货车，放在研修中心里。现在，平均每年会接待5万名小孩和家长。在这里开设了理科教室和生产教室，比如会科普电是如何产生的、搬运重物的原理是什么之类的知识。这个想法是谁提出来的呢？就是我们的离岗老员工们。

小宫山：真有趣啊。

坂根：每年会有大约300人轮番给孩子们讲解。

小宫山：这些人领工资吗？

坂根：我们每天会提供一点补贴。这样一来，他们会说“最近都不怎么去医院了”。

小宫山：真好啊。如果能和中小学联手那就更好了。

坂根：我们已经和小松市内的学校建立了合作关系，当孩子们进入五年级时，就会来到小松的研修中心进行实地的社会考察旅行。

小宫山：现在日本的问题是，理科教育、英语教育，还有校园欺凌。小学教师们都是优秀人才，但是缺乏社会经验。企业的老员工因为在海外工作过，能让这些富有经验的老员工辅助学校的工作，我认为学校的教育应该会有很大的改善。

坂根：是的。在地方也有许多企业和工厂的老员工。地方的教育啊、行政啊这些活性化的工作，没有这些人还真的不行啊。

小宫山：说到老龄社会，如果只谈老人看护的问题，也解决不了太大问题。重要的是老年人应当如何在社会上活跃。前川制作所这家公司现在正在开发许多日本先端的产品，几乎都是老员工和在职员工合作得出的结果。现在的在职员工都太忙了，所以，如何把富有经验和智慧但是又不忙的老员工的力量诱发出来，才是关键。

访谈3
社会制度还有很大的革新余地

吉川洋
立正大学经济系教授

小西龙治
立命馆亚洲太平洋大学
大学院客座教授

吉川洋

吉川洋，1974年3月毕业于东京大学经济系经济学科，1978年在美国耶鲁大学获得博士学位。先后曾担任大阪大学社会经济研究所副教授、东京大学经济系副教授、东京大学经济系教授、东京大学大学院经济学研究科教授。最近著书《人口与日本经济》(中公新书出版)。

小西龙治

小西龙治，1967年毕业于东京大学法学系，1989年完成了哈佛商学院的AMP高级管理课程。先后曾担任日本长期信用银行（现新生银行）董事、常务董事、葛兰素史克公司(GSK）经营企划部本部长，2008年起担任立命馆亚洲太平洋大学大学院客座教授。

在保证“安心、安全、公平”的白金社会结构中，经济增长和革新是必不可少的。革新不仅限于技术层面。“国家与市场”“社会理想状态与社会共通理念”的转换还有很大余地。

小西：这本书从科学技术的观点出发，写到如何实现白金社会。虽然人类社会进步了，但是也出现了很多新的问题，例如全球变暖等。然而，依靠科学技术可以解决这些问题。科学技术在进步，如果在此基础上可以改变人们一直以来对于如何运用这些科学技术的思维方式，那么在数十年内自然而然就会建立起富裕的循环型社会，这是逻辑的基本构成。

但是，其中没有特别涉及社会结构与社会制度。总的来说，如何把握那些科学技术无法直接影响到的方面，才能确保实现白金社会，这个问题我们必须要思考。既然日本是一个非常擅长解决社会新生课题的国家，那么日本就必须在解决老龄化社会中社保与医疗的问题上表明自己的方向，这也是为什么我们邀请了吉川教授来到今天的访谈中。今天我们想围绕税金与社保的理想状态，以及如何理解市场与国家的结构，听一听吉川教授的见解。

人口减少不是经济下行的理由

吉川：最近我写了一本书，叫作《人口与日本经济》。大家都知道，近年来日本人口持续减少。日本国立社会保障和人口问题研究所（National Institute of Population and Social Security Research，IPSS）的预测显示，如果按照目前的新生儿出生率推算，大约 100 年后，日本将会只有大约 4000 万人口。相当于 1.2 亿的人口缩水到三分之一。我也认为人口骤减是一个很严峻的问题，但是，这和经济问题不太一样。在现在的日本，充斥着各种悲观的论调，比如说，因为人口减少导致经济持续走低啦，日本的国内市场已经要完啦，日本的经济要完啦之类的话，但是我的基本想法是，完全不是这样的。在这个节骨眼上，关键点就是革新。这和小宫山先生谈到的白金社会完全是相同的理念。

说句题外话，大约在 2 年前我参加了在柏林召开的日本与德国的经济会议，印象深刻。您也知道，德国近年来人口持续减少，德国政府意识到这是一个大问题。他们的解决对策是接纳移民，这虽然是人口减少的对策，但是即便如此，完全没有“德国的经济不行了”“今后要走下坡路了”之类的悲观论调。民众普遍的看法是，今后德国的经济还是会很强健。

如果要介绍数字的话，大家都知道，日本的上升期，也就是经济高度增长期，大约是 1955 年到 20 世纪 70 年代初，日本经济以 10% 的速度增长。但是，大家几乎都不知道的是劳动人口的增长率。答案是 1%，确切地说是 1.2%。经济增长 10% 相对的劳动人口的增长是 1%。其中差的 9% 就是人均收入的上升。为什么上升了呢？概括来说就是革新与资本股份的投入。打个比方来说，如果是工程现场挖土的话，就需要花钱购买推土机和起重机。因此，必须要有技术的同时，还需要在现场实际投入推土机和起重机。就是这个道理。

只有在现场可以使用的革新

吉川：有一门学科叫作社会工程学（Social Engineering）。在日本，即使科学和技术的水平提升了，但是它是否真正向社会投入了，还是个问题。社会性的问题非常大。我认为在这个问题上，日本还有很大的改善空间。国家和政府在这个改善的过程中承担的责任都是非常大的。我举个历史上的成功案例，可能稍微有点唐突，就是同润会公寓的例子。1923 年关东大地震之后的复兴活动中，内务省决定建造同润会公寓，分布在东京和横滨，有将近 20 栋住宅公寓。在那之前，说到集体公寓，通常是指木造的最多 2 层的建筑，但是这次建起的是使用了钢筋混凝土的 3 至 4 层公寓，有些地方甚至还建成了 6 至 7 层的集体公寓。同润会公寓成为战后“团地”式住宅的模板，而且也明显是现代高级住宅的原型。这个实验是由内务省主导完成的。

百闻不如一见，做出有目共睹的、能垂范后人的典型是非常重要的。我认为在目前这个阶段，应当更加努力做出更多的典型来。尤其是医疗和看护方面。通俗易懂地说，即使开发出看护机器人，它也没有办法被当场使用。那是因为机器人没有被纳入诊疗报酬的体系当中。如果经营者喜欢用这种机器人，非要去尝试，那也没有办法被当场使用。这必须要由国家主导去推动看护机器人的普及。接下去再过 10 年也许能有希望，但是目前是绝对不可行的。

在小宫山先生非常关心的能源方面，为了普及可再生能源，国家已经制订出了某种方案。同样，医疗和看护领域，公众如果不掌握主动权就无法普及。这也叫作社会的变革吧。我认为社会变革的空间相当大。

我想讲另一个略微唐突的例子，经济学上有一个很有趣的案例，我非常感兴趣，就是成人用纸尿裤的案例。受到少子化的影响，日本国内的婴儿市场已经趋于饱和，但是高龄老人对纸尿裤的需求却越来越大，拉动了纸尿裤的市场。婴儿用的纸尿裤尺寸和成人用纸尿裤的不太一样，除此之外几乎没有区别，所以不需要技术革新。这是一个说明变革不仅限于硬件工程的通俗易懂的案例。而且，我认为这种变革非常有必要。

小宫山：重要的是要把各个领域中各种程度的变革有机结合起来才好啊。

越来越穷的过程中差距会拉大

吉川：我想就刚刚小西教授提到的税金和社会的问题说一说。这个问题，说到底，就是贫富差距的问题。换句话说就是，要生产多少，如何分给大家的问题。用经济术语来说就是分配。说到收入就是收入分配。换句话说，尽可能用最高效率促进生产，没人会对此有异议，但是把这些生产出的东西进行分配时，如何做到公平，就众说纷纭了。因为进行价值判断的标准有很多。

想必您也有所耳闻，几年前法国经济学家托马斯·皮凯蒂（Thomas Piketty）撰写的《21 世纪资本论》在世界上成了畅销书。虽然皮凯蒂不是第一个这么说的，但是这本书说得非常明显的一个事实就是，如果只看发达国家，那么二战前的社会现状就已经非常不平等了，世界大战使得一部分大富翁消亡，简单来说就是社会变得更加平等了。到了 20 世纪 80 年代情况又发生了巨大的变化。在美国，有钱人开始变得越来越有钱。

上市公司中高层人物的年收入是同一家公司里员工平均年收入的好几倍呢，在大约 30 年前的时候，差不多就是 40 倍了。过了 30 年已经变成了 400 倍。

在日本，企业高管并没有变成那么大的富翁，但是贫富差距确实拉大了。日本的问题是，整体骤然下落。简单来说，日本并非让人们走向胜利和失败的两端，粗暴一点来说，日本是全员走向失败。平均或者中间值大幅下降。收入水平偏下的部分，尤其是中间层跌落了。

小宫山：而且，高收入群体是不是也没有往上走呢？

吉川：说得夸张一点，的确是这样。而且常常会有把矛盾和难题转嫁到低收入人群的事情发生。比较有象征性的事情就是，正式雇佣与非正式雇佣的问题。大约 30 年前，非正规雇佣的劳动力大概有 16%，但是现在已经高达 40% 了。

小宫山：有报道称已经超过 40% 了。

吉川：除了这个问题，日本现在还有一个大问题，那就是老龄化的问题，社会年龄差距非常大。如果你看 100 万个 20 多岁的人，他们的收入和资产还有健康状况虽然略有不同，但是总体上差距还是不大的。但是如果你把 100 万个 70 多岁的人凑在一起，你会发现他们的差距相当之大。老龄化的意思是老龄人口的社会占比走高，所以自然而然，整个社会经济的差距就被拉得很大。

社保费用增加，供应的是消费税

吉川：为了在一定程度上缓和整体社会当中差距扩大的问题，就有了社会保障制度——养老金、医疗、看护等，如果放任不管的话不平等就会越来越严重，针对这个问题，国家应当做出适当干预，缩小不平等。

那么，有人就说了，国家财政要怎么做呢？现在，日本的社会保险开支大约是 110 兆日元。其中六成是由保险金填补的。如果把社会保险开支笼统地看作是 100，那么劳资双方分摊在职人员保险金的六成。其余四成中的三成由国家负担，一成由地方负担。国家承担的部分差不多是 30 兆日元，作为一般财政预算来准备。

公共事业、文教科学技术、政府开发援助（ODA）、国防等政策经费基本上是零增长。其中放任不管就会增加的是社会保障，它通常会以每年大约 6000 亿日元到 7000 亿日元的幅度增加。所以，国家财政赤字扩大的主要原因就是社会保障。除了日本，欧洲和美国也是同样的情况。日本的情况是最严重、最极端的。

所以，我们应该怎么做呢？简单来说，日本国民应当再多缴一点税。说到税金的问题就容易说一大堆，所以我们长话短说，虽然消费税中不含累进税，但是由于消费税是比例税，所以也不坏。对于那些低收入人群，是不是应该向他们提供一些累退性的税金呢？这样在某种程度上消费税就成了一种补贴。

在欧洲，欧盟决定了最低税率，且将最低消费税设定为 15%。但是几乎没有国家采用 15% 的最低消费税，英国、法国、德国大约是 20%，瑞典、挪威约为 25%。不可能会有日本不久前的 5% 那么低的情况。正因为必须要想办法把消费税提高一点，本应该提高到 10% 的，但是最终决定提高到 8%，又把目标拖延了。

小宫山：我们都很清楚不得不将间接税作为社会保障的财政支出。另一方面，经济没有增长，是因为没有发生变革。就像我们设想的那样，白金社会带来生活品质的提升会促进大量的商机出现。

吉川：要是让我说的话，我认为老龄化和环境问题的解决方法就是变革。现在我们讨论的不是能卖出多少东西，而是能产出多少东西。许多实验表明，日本的市场规模有着非常优质的环境。我想借小宫山教授的一句话来说，日本这个擅长解决新课题的发达国家的确存在大量的商机，我深表同感。

小宫山：阻碍它的要素就是日本一贯的制度和思维方式。比如，像共享汽车“优步（Uber）”这样的新型商机就无法在日本国内普及。

吉川：说一句老生常谈的话，日本是不是缺乏进取的个性呢？刚刚提到了纸尿裤的案例，我碰巧听到产品开发的人说，为了开发成人纸尿裤，他们向高层提了 3 次议案才好不容易通过了公司内部的批准。为什么日本没有开发扫地机器人呢？其实也是开发过一段时间的。但是有人反对这款产品，理由是万一它碰到佛坛，弄倒了蜡烛，引发了火灾就不好了，这种反对意见导致扫地机器人未能成功在日本发售。

国家扮演着协调人的角色

小西：刚刚提到了国家的干预方式，在日本经济高度增长期，当时的通产省实施了积极的干预措施，确立了目标，培养新行业。但是，国家并不是很清楚干预的界限在哪里。非正式雇佣的问题也让国家束手无策。今后应该怎样处理国家与市场的关系呢？

吉川：关于这个问题，我认为并没有一个普遍适用的说法。但是，尤其是在医疗看护领域，除了国家，应该没有人更适合去扮演那个确定作价方法的角色了。具体来说，一个看护机器人，是由许多地方的工程师共同做成的。但是，在实际看护现场试用，把它加入看护保险的体系并普及开来，单靠民间的力量是不可能实现的。

小宫山：所言正是。举个例子，伊藤园利用越来越多的废弃农田来种植茶叶，但是这仅仅是企业参与农业的情况。要制定制度，当然只有国家才有这个权力。但是，由于林业的单位面积产值并不高，所以民间企业就很难做。国家必须要整理一下自己能干预多少、哪些可以放权给民间来做之类的问题。

吉川：不同领域的问题要具体问题具体分析，但是必须要更加大胆一些。

小宫山：国家制定了可再生能源固定价格收购制度，因此推动了可再生能源的普及。

吉川：虽然有人说出现了泡沫经济，但是我认为总体上来看这只是前进道路上迂回曲折的一个阶段。我认为国家、政策的作用非常大。

小宫山：我也这么认为。

吉川：我认为国家作为协调人的角色是非常有必要的。也就是说，对于环境、能源、老龄化等诸多问题，21 世纪的人真的有必要去解决它们。比起用一个行业来解决这些问题，我的想法就是如果要解决老龄化社会的问题，就要全部改变。无论是建筑物、交通还是物流，所有的方面都需要发生改变。

小西：也就是产业结构上的白金社会化。

吉川：必须要把各个专业领域开发的技术捆起来，横着穿过一根木轴，做出最终需要的东西。

小宫山：也许我们正在进入这种时代，把现有的技术和知识组合起来才有可能实现变革。所以这一根横轴非常重要。

吉川：举个例子，在医疗急救领域，救护车会变成智能汽车，作为智能救护车的下游，急救中心也不得不导入新的科技，发生改变。在这里，把横轴穿进去的协调人就非常有必要。

小宫山：将急救系统、无人驾驶飞机、GPS、智能汽车等新技术组合构成的东西付诸现实，就一定会与纵向的政策发生碰撞。我认为这是政府应当妥善解决的问题。

致　谢

正是有了和许多人攀谈的机会，才让这本书的内容不断充实。借此机会，我要衷心向各位表示深深的感谢。

我要特别感谢白金网络构想组织法人会员、自治体会员、特别会员，东京大学“白金社会”捐助讲座的相关人员，国立研究开发科学技术振兴机构（JST）低碳社会战略中心（LSC）的相关人员，TM 研究会会员，三菱综研白金社会研究会相关人员，东京大学 EMP 相关人员，DiTT 电子教科书教材协议会的相关人员，感谢诸位的大力相助。

我还要感谢那些为我提供采访、原稿、数据、照片等资料的朋友们，在此写下你们的名字，以示感谢。

（排名不分先后）内山田竹志、坂根正弘、吉川洋、小西龙治、石村和彦、武内和彦、前川正雄、川村邦明、本庄八郎、笹谷秀光、永野广作、西村元彦、藤野纯一、伊香贺俊治、大冈龙三、フランク・ピーター・ポポフ、黑田武志、林光明、野田优、大泽利男、大上二三雄、小池聪、山本稔、小西雅子、大久保达也、菊池康纪、石户奈奈子、神藏孝之、笹冈繁博、李展飞、杉浦正吾、千野俊猛、保木纯、山部裕子、犬山绘美、笠岛胜治、木村宽、青田知朗、矢岛希巳江、驹崎大树、甲斐茂夫、井上智弘、磐田朋子、田中加奈子、板谷利香、松田智生、桧垣亨、桥彻、西村邦幸、梅田美穗。

最后，我要向协助本书出版的自由记者林爱子女士、日经 BP 社的田中太郎先生致以深深的感谢。

图书在版编目(CIP)数据

新展望 2050:白金社会/(日)小宫山宏,(日)山田兴一著;魏海波,赵静玮译.—桂林:广西师范大学出版社,2022.10
(世界知库)
ISBN 978－7－5598－5336－3

Ⅰ.①新… Ⅱ.①小… ②山… ③魏… ④赵… Ⅲ.①未来学 Ⅳ.①G303

中国版本图书馆 CIP 数据核字(2022)第 163262 号

新展望 2050:白金社会
XIN ZHANWANG 2050: BAIJIN SHEHUI

出 品 人:刘广汉
责任编辑:刘 玮
助理编辑:陶阿晴
装帧设计:李婷婷 弓天娇
营销编辑:黄 屏

广西师范大学出版社出版发行
(广西桂林市五里店路 9 号 邮政编码:541004
网址:http://www.bbtpress.com)
出版人:黄轩庄
全国新华书店经销
销售热线:021－65200318 021－31260822－898
山东韵杰文化科技有限公司印刷
(山东省淄博市桓台县桓台大道西首 邮政编码:256401)
开本:650 mm×960 mm 1/16
印张:17.25 字数:213 千字
2022 年 10 月第 1 版 2022 年 10 月第 1 次印刷
定价:68.00 元